高职高专"十三五"规划教材

中厚板生产与实训

贾寿峰 编

U0314299

北京

冶金工业出版社

2017

内 容 提 要

全书共分原料选择及操作、加热、轧制、精整四个学习领域，每个学习领域根据生产实践的需要设计了多个任务，每个任务给出了具体的实践操作内容，并附有思考与练习。

本书为高等职业技术院校材料工程技术（轧钢）专业和材料成型与控制技术专业教材（配有教学课件），也可作为相关技术和管理人员的参考书或培训教材。

图书在版编目（CIP）数据

中厚板生产与实训/贾寿峰编. —北京：冶金工业出版社，2017.1

高职高专"十三五"规划教材

ISBN 978-7-5024-7398-3

Ⅰ.①中… Ⅱ.①贾… Ⅲ.①中板轧制—高等职业教育—教材 ②厚板轧制—高等职业教育—教材 Ⅳ.①TG335.5

中国版本图书馆 CIP 数据核字（2016）第 306836 号

出 版 人 谭学余
地　　址　北京市东城区嵩祝院北巷 39 号　邮编　100009　电话　(010)64027926
网　　址　www.cnmip.com.cn　电子信箱　yjcbs@cnmip.com.cn
责任编辑　俞跃春　杜婷婷　美术编辑　杨 帆　版式设计　葛新霞
责任校对　卿文春　责任印制　李玉山
ISBN 978-7-5024-7398-3
冶金工业出版社出版发行；各地新华书店经销；三河市双峰印刷装订有限公司印刷
2017 年 1 月第 1 版，2017 年 1 月第 1 次印刷
787mm×1092mm　1/16；9.5 印张；227 千字；141 页
28.00 元

冶金工业出版社　投稿电话　(010)64027932　投稿信箱　tougao@cnmip.com.cn
冶金工业出版社营销中心　电话　(010)64044283　传真　(010)64027893
冶金书店　地址　北京市东四西大街 46 号(100010)　电话　(010)65289081(兼传真)
冶金工业出版社天猫旗舰店　yjgycbs.tmall.com
（本书如有印装质量问题，本社营销中心负责退换）

天津冶金职业技术学院冶金技术专业群及环境工程技术专业"十三五"规划教材编委会

编委会主任

孔维军（正高级工程师）　天津冶金职业技术学院教学副院长

刘瑞钧（正高级工程师）　天津冶金集团轧一制钢有限公司副总经理

编委会副主任

张秀芳（副教授）　　　　天津冶金职业技术学院冶金工程系主任

张　玲（正高级工程师）　天津冶金集团无缝钢管有限公司副总经理

编委会委员

天津冶金集团天铁轧二有限公司：刘红心

天津钢铁集团：高淑荣

天津冶金集团天材科技发展有限公司：于庆莲

天津冶金集团轧三钢铁有限公司：杨秀梅

天津冶金职业技术学院：于　晗　刘均贤　王火清　臧焜岩　董　琦

李秀娟　柴书彦　杜效侠　宫　娜　贾寿峰

谭起兵　王　磊　林　磊　于万松　李　敫

李碧琳　冯　丹　张学辉　赵万军　罗　瑶

张志超　韩金鑫　周　凡　白俊丽

序

2016 年是"十三五"开局年，我院继续深化教学改革，强化内涵建设。以冶金特色专业建设带动专业建设，完成了冶金技术专业作为中央财政支持专业建设的项目申报，形成了冶金特色专业群。在教学改革的同时，教务处试行项目管理，不断完善工作流程，提高工作效率；规范教材管理，细化教材选取程序；多门专业课程，特别是专业核心课程的教材，要求其内容更加贴近企业生产实际，符合职业岗位能力培养的要求，体现职业教育的职业性和实践性。

我院还与天津市教委高职高专处联合召开"天津市高职高专院校经管类专业教学研讨会"，聘请国家高职高专经济类教学指导委员会专家作专题讲座；研讨天津市高职高专院校经管类专业教学工作现状及其深化改革的措施，对天津市高职高专院校经管类专业标准与课程标准设计进行思考与探索；对"十三五"期间天津高职高专院校经管类专业教材建设进行研讨。

依据研讨结果和专家的整改意见，为了推动职业教育冶金技术专业教育改革与建设，促进课程教学水平的提高，我们组织编写了冶炼、轧制等专业方向职业教育系列教材。编写前，我院与冶金工业出版社联合举办了"天津冶金职业技术学院'十三五'冶金类教材选题规划及教材编写会"，并成立了"天津冶金职业技术学院冶金技术专业群及环境工程技术专业'十三五'规划教材编委会"，会上研讨落实了高职高专规划教材及实训教材的选题规划情况，以及编写要点与侧重点，突出国际化应用，最后确定了第一批规划教材，即汉英双语教材《连续铸钢生产》、《棒线材生产》、《热轧无缝钢管生产》、《炼铁生产操作与控制》四种，以及《金属塑性变形与轧制技术应用》、《轧钢设备点检技术应用》、《钢丝生产工艺及设备》、《型钢孔型设计与螺纹钢生产》、《中厚板生产与实训》、《大气污染控制技术》、《水污染控制技术》和《固体废物处理处置》等教材。这些教材涵盖了钢铁生产、环境保护主要岗位的操作知识及技能，所具有的突出特点是理实结合、注重实践。编写人员是有着丰富教学与实践经验的教师，有部分参编人员来自企业生产一线，他们提供了可靠的数据和与生产实际接轨的新工艺新技术，保证了本系列教材的编写质量。

　　本系列教材是在培养提高学生就业和创业能力方面的进一步探索和发展，符合职业教育教材"以就业和培养学生职业能力为导向"的编写思想，对贯彻和落实"十三五"时期职业教育发展的目标和任务，以及对学生在未来职业道路中的发展具有重要意义。

天津冶金职业技术学院　教学副院长　孔维军

2016 年 4 月

前　言

根据"以就业为导向，以能力为本位"的高等职业教育质量方针，本书以钢铁企业的轧钢生产岗位群为目标，依据材料成型与控制技术（轧钢）专业毕业生就业工作岗位（原料工、加热工、轧钢工、精整工、钢材检验工、热处理工）和轧钢生产的特定生产组织形式，"以任务为驱动"设置学习情境，是基于工作过程为导向编写的教程。编排上以能力形成为目标，以能力训练为主要内容，内容顺序的设置既符合生产工序要求，又符合学生认知规律。

本书在编写过程中充分体现"以能力为本位、以行为为导向"的思想，根据高职高专教育特点，本着工艺和设备相结合的原则，为适应中厚板生产技术发展的需要而编写。在内容安排上，突破原有设备专业和工艺专业的界限，把设备和工艺结合起来。在知识点上贴近工程实际，内容体现"新知识、新技术、新工艺、新方法"。突出实操性、应用性、示范性等特点，将理论知识、核心技能、综合素质的要求有机地结合起来，并充分贯彻到教材全部内容当中，充分体现培养学生职业素质的高等职业教育的教材特点。

本书由天津冶金职业技术学院贾寿峰编写，在编写过程中得到天津钢铁集团有限公司信海喜工程师和贾立波工程师的大力支持，在此表示衷心的感谢。

本书配套的教学课件读者可从冶金工业出版社官网（http://www.cnmip.com.cn）教学服务栏目中下载。

由于编者水平所限，书中不妥之处，敬请广大读者批评指正。

编者

2016 年 8 月

目　录

学习领域 1　原料选择及操作

任务 1.1　原 料 选 择

能力目标：

　　掌握中厚板的技术要求，会正确选择原料。

知识目标：

　　了解中厚板的常用术语和技术指标，掌握原料选择方法。

【任务描述】

　　原料种类、尺寸和质量的选择，不仅要考虑它对产量和产品质量的影响，而且要综合考虑生产技术经济指标的情况及生产的可能条件，以得到最少的轧制道次和最大的产量。通过本任务学习，掌握原料选择的方法和依据。

【相关资讯】

1.1.1　中厚板基础知识

1.1.1.1　中厚板的定义

　　厚度大于等于 4.0mm 的钢板统称为中厚板。中厚板分普碳板、优碳板、低合金板、船板、桥梁板、锅炉板、容器板等。业内习惯将中厚板分为中板、厚板和特厚板三类：厚度为 4~20mm 的钢板称为中板；厚度为 20~60mm 的钢板称为厚板；厚度大于 60mm 的钢板称为特厚板。

1.1.1.2　中厚板的分类

　　中厚板除按尺寸区分外，还有按强度、化学成分、用途和交货状态分类的。按强度分类一般以抗张强度的下限分级，抗张强度 50MPa 以上的称高强度钢板；按化学成分分为普通钢板和特殊钢板，后者包括不锈钢板和复合钢板；按用途大致分为造船钢板、焊接结构钢板、锅炉和压力容器钢板、低温钢板、耐腐蚀钢板、焊管用钢板以及特殊用途的钢板等；按交货状态分为轧制钢板、热处理钢板和抛丸、涂层钢板三种，因大型结构和造船的需要，抛丸、涂层钢板的产量逐年增加。

1.1.1.3　中厚板轧机使用原料

　　中厚板轧机使用的原料有初轧板坯、连铸板坯、钢锭和锻坯。初轧坯最宽达 2300mm，最厚达 610mm，最重达 45t。连续铸钢技术的发展，不但提高了中厚板车间的成材率，降低了生产成本，而且使钢板的质量也提高了。所以，中厚板轧机采用连铸坯的比例不断上升，有的已达 100%。加上新工艺的采用，中厚板轧机从板坯到成品钢板的成材率有的已达 94.2%。如无初轧板坯和连铸板坯时，可用扁钢锭作原料，只在生产特殊的中厚板时才用锻坯作原料。

1.1.1.4　中厚板的用途

中厚板主要应用于建筑工程、机械制造、容器制造、造船、桥梁建造等，还可以用来制造各种容器、炉壳、炉板、桥梁及汽车静钢钢板、低合金钢钢板、造船钢板、锅炉钢板、压力容器钢板、花纹钢板、汽车大梁钢板、拖拉机某些零件及焊接构件等。

A　桥梁用钢板

用于大型铁路桥梁的钢板，要求承受动载荷、冲击、震动、耐蚀等，如 Q235q、Q345q 等。

B　造船及锅炉用钢板

造船钢板：用于制造海洋及内河船舶船体，要求强度高、塑性、韧性、冷弯性能、焊接性能、耐蚀性能都好。如，A32、D32、A36、D36 等。

锅炉钢板（锅炉板）：用于制造各种锅炉及重要附件，由于锅炉钢板处于中温（350℃以下）高压状态下工作，除承受较高压力外，还受到冲击、疲劳载荷及水和气腐蚀，要求保证一定强度，还要有良好的焊接及冷弯性能，如，Q245R 等。

C　压力容器用钢板

主要用于制造石油、化工气体分离和气体储运的压力容器和其他类似设备，一般工作压力在常压到 320kg/cm² 甚至到 630kg/cm²，温度在 -20~450℃ 内工作，要求容器钢板除具有一定强度和良好塑性和韧性外，还必须有较好冷弯和焊接性能，如，Q245R、Q345R、14Cr1MoR、15CrMoR 等。

D　汽车大梁用钢

制造汽车大梁（纵梁、横梁），用厚度为 2.5~12.0mm 的低合金热轧钢板。由于汽车大梁形状复杂，除要求较高强度和冷弯性能外，还要求冲压性能好。

1.1.1.5　中厚板的生产工艺流程

中厚板的生产流程通常为配合控制轧制（见图 1-1），采用低温出炉的加热制度，可节省燃料消耗。轧制工艺分三个阶段：

（1）成型轧制。消除板坯表面的影响和提高宽度控制的精度，沿板坯长度方向或斜向进行 1~4 道轧制。把坯料轧至所要求的厚度。

（2）展宽轧制。这是中厚板不同于其他种类板材轧制的重要工序。为达到轧制成品规格所要求的宽度，板坯转 90°、沿板宽方向轧制。

（3）精轧。展宽轧制后再转 90°，转回原坯料长度方向，轧制到成品板厚度。妥善制定中厚板轧制工艺能提高轧机的生产能力、钢板的质量和成材率。

要确保钢板的平直度，除采取各种保证板形的措施外，对厚度 40mm 以下的钢板每块均需经过热矫直，对不平直的冷钢板进行冷矫直。为冷剪切成品板，钢板要冷至 150℃ 以下，冷却要均匀，冷却速度应适宜；自从采用滚切式剪机剪切后，基本上解决了剪弯缺陷

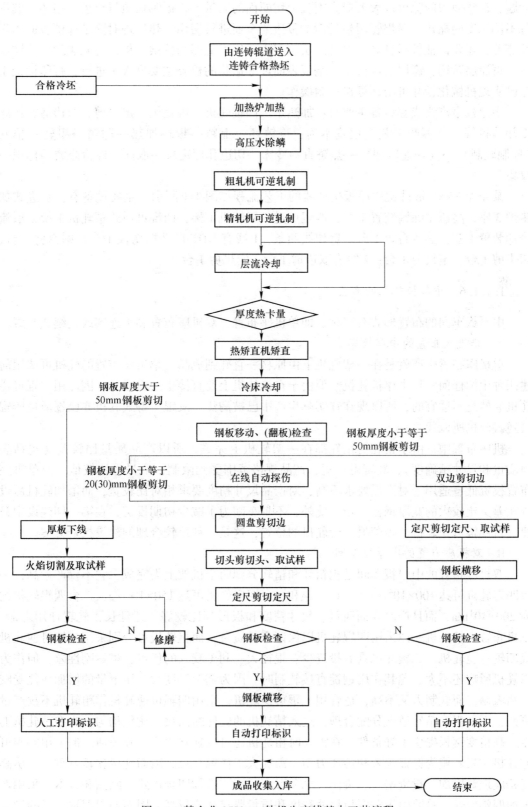

图 1-1 某企业 3500mm 轧机生产线基本工艺流程

问题；调整剪刀间隙可以大大提高钢板剪切断面的质量。根据钢板质量要求，用超声波进行不同深度的探伤，对焊管用板的四个板边要全面进行探伤。热处理时除了保证板的力学性能外，还要保证板形良好。抛丸涂层法多用于生产造船和桥梁用板，抛丸去除氧化铁皮后，再涂层防锈，涂层后应快干。钢板表面尺寸形状的检查主要靠人工进行，打印标记工序已实现机械化，并可由计算机控制操作。

中厚板生产线成套设备主要有：加热炉、四辊轧机、矫直机、定尺剪、双边剪、快速冷却装置等。其生产工艺流程基本为：连铸坯→上料→板坯加热→除鳞→粗轧→精轧（控制轧制）→（快速冷却）→热矫直→冷床→切边和切定尺→取样→检验修磨→标识→收集。

某企业 3500mm 轧机中厚板生产线的工艺流程如图 1-1 所示。主要设备有：步进式加热炉 3 座，高压水除鳞装置 1 套，四辊可逆式粗轧机 1 架，四辊可逆式精轧机 1 架，层流冷却装置 1 套，热矫直机 1 台。剪切线两条：1 线有 NDT 自动探伤仪 1 台，圆盘剪 1 台，切头剪 1 台，定尺剪 1 台；2 线有双边剪 1 台，定尺剪 1 台。

1.1.1.6　中厚板轧机的布置

中厚板车间的布置形式有三种，即单机座布置、双机座布置和半连续或连续式布置。

A　单机座布置的中厚板车间

单机座布置生产就是在一架轧机上由原料一直轧到成品。单机座布置的轧机可选用前述四种中的任何一种中厚板轧机。但由于在该轧机上要直接生产出成品，因此用二辊可逆轧机显然是不适宜的，所以现在在实际生产中已被淘汰。三辊劳特式轧机亦已逐渐被四辊可逆式轧机所取代。

机座布置中，由于粗轧与精轧都在一架轧机上完成，所以产品质量比较差（包括表面质量和尺寸精确度），轧辊寿命短，产品规格范围受到限制，产量也比较低。但单机座布置投资低、适用于对产量要求不高，对产品尺寸精度要求相对比较宽，而增加轧机后投资相差又比较大的宽厚钢板生产。此外，不少车间为了减少初期投资，在第一期建设中只建一台四辊可逆轧机，预留另一台轧机的位置，这是一种比较合理的建设投资方案。

B　双机座布置的中厚板车间

双机座布置的中厚板车间是把粗轧和精轧分到两个机架上去完成，它不仅产量高，一台四辊轧机可达 $100×10^4 t/a$，一台二辊和一台四辊轧机可达 $150×10^4 t/a$，二台四辊轧机约为 $200×10^4 t/a$，而且产品表面质量、尺寸精度和板形都比较好，还延长了轧辊使用寿命。双机布置中精轧机一律采用四辊轧机以保证产品质量，而粗轧机可分别采用二辊可逆轧机或四辊可逆轧机。二辊轧机具有投资少、辊径大、利于咬入的优点，虽然刚性差，但作为粗轧机影响还不大，尤其在用钢锭直接轧制时。因为钢锭厚度大，压下量的增加往往受咬入角限制，而轧制力又不高，适合用二辊可逆轧机。采用四辊可逆轧机作粗轧机不仅产量更高，而且粗、精轧道次分配合理，送入精轧机的轧件断面尺寸比较均匀，为在精轧机上生产高精度钢板提供了好条件。在需要时粗轧机还可以独立生产，较灵活。但采用四辊可逆轧机作粗轧机为保证咬入和传递力矩，需加大工作辊直径，因而轧机比较笨重，厂房高度相应地要增加，投资增大。美国、加拿大多采用二辊加四辊形式，欧洲和日本多采用四辊加四辊形式。目前由于对厚板尺寸精度和质量要求越来越高，因而两架四辊轧机的型式日益受到重视。此外，我国还有部分双机座布置的中厚板车间，仍采用三辊劳特式轧机作为粗轧机，这是对原有单机座三辊劳特式轧机车间改造后的结果，进一步的改造将用二辊轧机或四辊轧机取代三辊劳特式轧机。

通常双机布置的两架轧机的辊身长度是相同的，但有的双机架布置的粗轧机轧辊辊身长度大于精轧机的轧辊辊身长度。这样可用粗轧机轧制压下量比较少的宽钢板，再经旁边的作业线作轧后处理，使设备费减少，而且重点可作为长板坯的宽展轧制用。

　　C　连续式、半连续式、3/4 连续式布置

连续式、半连续式、3/4 连续式布置是一种多机架布置的生产宽带钢的高效率轧机，也看作是一种中厚板轧机。因为目前成卷生产的带钢厚度已达 25mm 或以上，这就几乎有 2/3 的中厚钢板可在连轧机上生产，但其宽度一般不大，而且用生产薄规格的昂贵的连轧机来生产中厚板在经济上也是不合理的。对于半连续轧机，其粗轧部分由于轧机布置灵活，可以满足生产多品种钢板的需要，但精轧机部分的作业率就低了。

目前全世界的宽厚板生产（由辊身宽 3m 以上轧机生产），单机布置仍占有很大密度，但总产量却不及双机布置轧机的总产量。在宽厚板轧机上很少使用连续或半连续的布置方式，在全世界 72 条宽厚板轧制线上只有一条。

1.1.1.7　中厚板产品的技术要求

对中厚板的技术要求具体体现为产品的标准，中厚板的产品标准一般包括有品种标准、技术条件、试验标准及交货标准等。根据板材用途的不同，对其提出的技术要求也各不一样，基于其相似的外形特点和使用条件，其技术要求可归纳为"尺寸精确板形好，表面光洁性能高"。

　　A　尺寸精度要求高

尺寸精度主要是厚度精度，因为它不仅影响到使用性能及连续自动冲压后步工序，而且在生产中难度最大，厚度偏差对节约金属影响很大。板带钢由于 B/H 很大，厚度一般很小，厚度的微小变化势必引起其使用性能和金属消耗的巨大波动。故在板带钢生产中一般都应力争高精度轧制，力争按负公差轧制（在负偏差范围内轧制，实质上就是对轧制精确度的要求提高了一倍，这样自然要节约大量金属，并且还能使金属结构的重量减轻）。

　　B　板形要好

板形要平坦，无浪形瓢曲，才好使用。对普通中厚板，其每米长度上的瓢曲度不得大于 15mm，优质板不大于 10mm，对普通薄板原则上不大于 20mm。板带钢既宽且薄，对不均匀变形的敏感性特别大，所以要保持良好的板型就很不容易。钢板越薄，其不均匀变形的敏感性越大，保持良好板形的困难也就越大。显然，板形的不良来源于变形的不均，而变形的不均又往往导致厚度的不均，因此板形的好坏往往与厚度精确度也有着直接的关系。

　　C　表面质量要好

板带钢是单位体积的表面积最大的一种钢材，又多用作外围构件，故必须保证表面的质量，无论是厚板或薄板表面皆不得有气泡、结疤、拉裂、刮伤、折叠、裂缝、夹杂和压入氧化铁皮。因为这些缺陷不仅损害钢板的外观，而且往往破坏性能或成为产生裂纹和锈

蚀的起源地，成为应力集中的薄弱环节。例如，硅钢片表面的氧化铁皮和表面的光洁度就直接败坏磁性，深冲钢板表面的氧化铁皮会使冲压件表面粗糙甚至开裂，并使冲压工具迅速磨损，至于对不锈钢板等特殊用途的板带，还可提出特殊的技术要求。

　　D　性能要好

　　钢板的性能要求主要包括力学性能、工艺性能和某些钢板的特殊物理或化学性能，一般结构钢板只要求具备较好的工艺性能。例如，冷弯和焊接性能等，而对力学性能的要求不很严格，对甲类钢钢板，则要保证性能，要求有一定的强度和塑性。对于重要用途的结构钢板，则要求有较好的综合性能，即除要有良好的工艺性能，甚至除了一定的强度和塑性以外，还要求保证一定的化学成分，保证良好的焊接性能、常温或低温的冲击韧性，或一定的冲压性能、一定的晶粒组织及各向组织的均匀性等。

　　除了上述各种结构钢板以外，还有各种特殊用途的钢板，如高温合金板、不锈钢板、硅钢片、复合板等，它们或要求特殊的高温性能、低温性能、耐酸耐碱耐腐蚀性能，或要求一定的物理性能如磁性。

1.1.2　原料的选择

　　轧钢常用的原料有钢锭、轧坯及连铸坯三种，中小型企业有的还采用压铸坯。原料种类、尺寸和质量的选择，不仅要考虑它对产量和产品质量的影响（例如，考虑压缩比及终轧温度对性能质量及尺寸精度的影响），而且要综合考虑生产技术经济指标的情况及生产的可能条件。连铸坯的选择应在技术可能的条件下，按照所需压缩比的要求，尽量使坯料尺寸接近于成品的尺寸，以得到最少的轧制道次和最大的产量。

1.1.2.1　原料的尺寸

　　原料的尺寸即原料的厚度、宽度和长度。它直接影响着轧机的生产率、坯料的成材率以及钢板的力学性能。原料尺寸的选择原则是：原料的厚度尺寸在保证钢板压缩比的前提下应尽可能小。不同的原料压缩比的大小也不相同，一般认为连铸坯的压缩比约为 3~5（也有资料认为应大于 8），扁锭的压缩比为 6（也有资料认为应在 12~15 以上），而模铸的初轧坯由于已在初轧机上变形，在中厚板轧机上的压缩比可不受限制。随着炼钢技术的发展，钢质的提高，连铸坯质量也不断提高，压缩比在逐渐减小。目前可用 300mm 厚的连铸坯生产 80mm 以下的中厚板，其压缩比仅有 3.7。

　　厚度大于 150mm 的厚钢板只能采用锻压坯作原料，但这种原料成本很高，而且要由有大型水压机的机械厂提供坯料，很不方便。目前，日本正在研究采用单向凝固铸造钢锭的方法生产大型扁平钢锭。该法是将以往的二维凝固变为一维凝固，通过使钢锭的凝固界面由底部向上方生成，使凝固界面的进行方向与溶质富集的钢液的上浮方向保持一致，防止溶质富集的钢液凝固前面出现条纹，减少倒 V 形偏析、显微偏析及疏松，得到优质钢锭。日本神户制钢公司加古川厂采用 1250mm×2700mm×800mm 单向凝固的钢锭轧制成 200mm 厚板，压缩比只有 4，力学性能、内部组织都达到了要求。

　　原料的宽度尺寸应尽量大，使横轧操作容易。原料的长度尺寸应尽可能接近原料的最大允许长度。原料尺寸的选择还需满足轧机设备和加热炉的各种限制条件，并且也要照顾到炼钢车间的生产。

某企业中厚板 3500mm 生产线所采用的原料为连铸坯，其厚度为 180mm、200mm、250mm 三个规格，宽度为 1600mm、1800mm、2100mm 三个规格，长度为 2320~3230mm。

1.1.2.2 原料的材质

原料的材质首先是要保证材料符合标准对该钢种提出的化学成分的要求。目前，钢水净化技术已在国际上被普遍使用，使钢中的杂质含量大为减少，可达到 P+S 小于 0.003%，H_2 小于 0.0001%，O_2 小于 0.002%，As、Sn 小于 0.004%，Sb 小于 0.0006%。其次，要保证钢锭或连铸坯的浇铸质量。

1.1.2.3 原料表面缺陷的清理

原料在进行加热前要进行表面清理。清理方法分热状态下清理和冷状态下清理两种。热状态清理一般为火焰清理。火焰清理机安装在连铸机（或开坯机）和切割机（或大型剪断机）之间，对板坯进行全面的剥皮处理，清理深度一般为 0.5~5mm。全面剥皮清理可以保证板坯的表面质量，但金属消耗较大。冷态清理方法有局部火焰清理、风铲铲削、砂轮研磨、机床加工、电弧清理等，对缺陷严重部分亦可用切割方法去除。由于板坯表面缺陷被隐藏在氧化铁皮之下或位于皮下区域，因此是比较难以发现的。解决这个问题的最合理办法是生产无缺陷连铸坯，即生产既无表面缺陷又无内部缺陷的高温连铸坯。

【任务实施】

选 择 原 料

中厚板轧机所用原料的尺寸，即原料的厚度、宽度、长度，直接影响着轧机的生产率，坯料的成材率以及钢板的力学性能。

中厚板坯料选用应考虑以下 3 个方面：

（1）保证成品钢板的尺寸和性能满足使用要求；

（2）能够充分发挥炼钢车间和厚板车间的工艺条件和设备能力；

（3）所生产的钢板成本最低。

中厚板轧机原料尺寸选择的原则：

（1）原料的厚度尽可能小。原料厚度小，有利于轧机和加热炉生产率的提高。但是为了保证钢板的性能，原料的厚度应满足钢板压缩比的要求。

（2）原料的宽度尺寸尽可能大。宽度大的原料有利于轧机操作。为了满足坯料在横轧时送钢操作的要求，每台轧机都有最小量原料宽度的限制，小于这个宽度的原料无法在横轧时将其送入轧机。因此原料的宽度应大于此数值。原料的宽度越大，横轧时操作越容易。

（3）原料的长度尺寸应尽可能接近原料的最大允许尺寸。当原料长度等于加热炉允许装入料长的下限时，钢压炉底面积最小，因而生产能力最小，此时加热炉的单位燃耗较大。当原料长度等于加热炉允许装入料长的上限时，钢压炉底面积最大，其生产能力最大，此时加热炉的单位燃耗较小。当轧件长度增大时，切头切尾所占比例减小，使得成材率高，因此质量大的原料成材率高。

　　计划成材率指的是在设计原料尺寸时的成材率，其计算公式如下：

$$计划成材率 = \frac{twl}{(t + \Delta t)(w + \Delta w)(l + l_{\rm rp})(1 + s)}$$

式中　t ——成品板厚度；

　　　w ——成品板宽度；

　　　l ——成品板长度；

　$t + \Delta t$ ——轧制平均厚度；

$w + \Delta w$ ——轧制平均宽度；

　　　$l_{\rm rp}$ ——试样长度；

　　　s ——烧损，即氧化铁皮损失，约为 $1\% \sim 2\%$；

　　　Δt ——厚度余量；

　　　Δw ——宽度余量。

　　在选择原料尺寸时应注意尽可能采用倍尺轧制，即当计算出原料质量小于最大允许原料质量的一半时，应按倍尺轧制考虑选用厚的尺寸。由于厚板特别是较厚板的订货坯料一般不大，甚至几家用户订货的钢板需要编组在一起进行轧制，因此在选择厚板原料的计算中需要考虑的因素很复杂，而且这些因素互相影响和互相制约。

【任务总结】

　　掌握原料选择与设计的实施过程与注意事项，在工作中树立谨慎务实的工作作风，成为一名合格的选料员。

【任务评价】

选　择　原　料				
开始时间		结束时间	学生签字	
			教师签字	
项　目	技术要求		分值	得分
原料选择与设计	(1) 方法得当； (2) 操作规范； (3) 正确使用工具与设备； (4) 团队合作			
任务实施报告单	(1) 书写规范整齐，内容翔实具体； (2) 实训结果和数据记录准确、全面，并能正确分析； (3) 回答问题正确、完整； (4) 团队精神考核			

 思考与练习

1-1-1　中板与厚板的区别。

1-1-2　随意选择原料会对企业生产造成什么不良后果？

1-1-3　什么是中厚板？

1-1-4　中厚板的主要用途是什么？

1-1-5　中厚板是如何分类的？

1-1-6　中厚板生产的技术条件包括哪些内容？

1-1-7　中厚板用技术标准是如何分类的？

任务 1.2　原料区操作

能力目标：

掌握中厚板原料区操作的技术要求，会正确执行原料区操作程序。

知识目标：

熟悉中厚板原料的技术指标，理解原料与最终成品的联系。

【任务描述】

原料入库后将通过后续生产最终形成产品，对产量和产品质量的影响是不可逆的，因此将问题原料杜绝在前端对是保证低成本和高质量成品的前提。通过本任务学习，掌握原料入库的操作要点和技术依据。

【相关资讯】

1.2.1　无需原料入库的连铸与轧制衔接工艺

1.2.1.1　连铸与轧制衔接工艺

连铸与轧制衔接工艺，就是将液态金属直接通过连铸机连续铸造成有一定规格板坯的过程。省去了铸锭、均热、初轧等许多工序，不仅可大大简化板带材生产工艺过程，而且具有显著节约金属消耗、提高成材率、节约燃料与电能等消耗、降低生产成本、改善劳动条件、提高劳动生产率和改善组织偏析、提高产量质量等许多优点。

连铸与轧制的连续衔接匹配问题，包括产量的匹配、铸坯规格的匹配、生产节奏的匹配、温度与热能的衔接与控制，以及钢坯表面质量与组织性能的传递与调控等多方面的技术。其中产量、规格和节奏匹配是基本条件，质量控制是基础，而温度与热能的衔接调控是主要技术关键。实现钢铁生产连续化的关键之一是实现钢水铸造凝固和变形过程的连续化，亦即实现连铸-轧制过程的连续化。

从温度与热能利用着眼，钢材生产中连铸与轧制两个工序的衔接模式一般有五种类型（见图1-2）：类型1称为连铸坯直接轧制工艺（CC-DR），高温铸坯不需进加热炉加热，只略经补偿加热即可直接轧制；类型2称为连铸坯直接热装轧制工艺（CC-DHCR或HDR），铸坯温度仍保持在A_3线以上奥氏体状态装入加热炉，加热到轧制温度后进行轧制；类型3、类型4为铸坯冷至A_3甚至A_1线以下温度装炉，也可称为低温热装工艺（CC-HCR），类型2、类型3、类型4皆须入加热炉加热，可统称为连铸坯热装轧制工艺，类型5为常规冷装炉轧制工艺。

连铸-连轧工艺的主要优点：

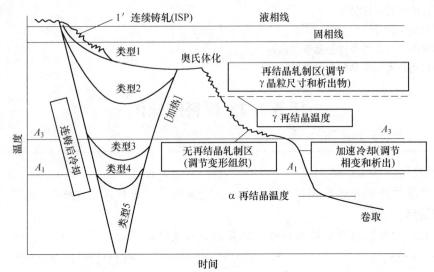

图 1-2　连铸-轧制方式

（1）利用连铸坯冶金热能，节约能源消耗。其节约能量与热装或补偿加热入炉温度有关，例如，铸坯在 500℃热装时可节能 $0.25×10^6$ kJ/t；600℃热装时可节能 $0.34×10^6$ kJ/t；800℃热装时可节能 $0.514×10^6$ kJ/t。直接轧制可比常规冷装炉加热轧制工艺节能 80%~85%。

（2）提高成材率，节约金属消耗。由于加热时间缩短使铸坯烧损减少，例如高温直接热装（DHCR）或直接轧制，可使成材率提高 0.5%~1.5%。

（3）简化生产工艺流程，减少厂房面积和运输各项设备，节约基建投资和生产费用。

（4）大大缩短生产周期，从投料炼钢到轧出成品仅需几个小时，直接轧制时从钢水浇铸到轧出成品只需十几分钟，增强生产调度及流动资金周转的灵活性。

（5）提高产品的质量。大量生产实践表明，由于加热时间短氧化铁皮少，CC-DR 工艺生产的钢材表面质量要比常规工艺的产品好得多。

1.2.1.2　连铸常见质量缺陷

A　连铸工艺流程

大包钢水→回转台→中间包→结晶器→二冷室→拉矫机→脱坯辊→中间辊道→夹持辊→火切机→切割平台→翻钢机→冷床→移坯车→（打号）铸坯集积。

B　常见质量事故的原因及处理

连铸过程只是一个保持过程，不可能修正炼钢及设备的问题，因此才有了"炼钢是基础，设备是保证，连铸为中心"。

影响铸坯缺陷的因素归纳为三个方面：

（1）钢水条件。脱氧情况、碳含量、锰硅比、锰硫比和杂质元素含量等。

（2）操作工艺。钢水温度、拉速、保护浇注方式、冷却水量及分布、钢水吹氩搅拌、喂丝等。

（3）设备状况。结晶器和二次冷却装置等主要在线设备的运行状况。

最终产品质量决定于所提供的铸坯质量。根据产品用途的不同，提供合格质量的铸坯，这是生产中所考虑的主要目标之一。从广义来说，所谓铸坯质量是得到合格产品所允许的铸坯缺陷的严重程度。

所谓铸坯质量的含义是指铸坯的纯净度（夹杂物含量、形态、分布）、铸坯表面缺陷（裂纹、来渣、皮下气泡等）、铸坯内部缺陷（裂纹、偏析等）。

铸坯的纯净度主要决定于钢水进入结晶器之前的处理过程，也就是说要把钢水搞"干净"些，必须在钢水进入结晶器之前各工序下工夫，如选择合适的炉外精炼，钢包——中间包——结晶器的保护浇注等。

铸坯的表面缺陷主要决定于钢水在结晶器的凝固过程。它是与结晶器内坯壳的形成、结晶器振动、保护渣性能、浸入式水口设计及钢液面稳定性等因素有关的，必须严格控制影响表面质量的各参数在合理的目标值以内，生产无缺陷的铸坯，这是热送和直接轧制的前提。

铸坯内部质量主要决定于铸坯在二冷区的凝固冷却过程和铸坯的支撑系统的精度。合理的二冷水量分布、支撑辊的严格对中、防止铸坯鼓肚变形等，是提高内部质量的关键。

因此，为了获得良好的铸坯质量，我们可以根据钢种和产品不同要求，在连铸的不同阶段如钢包、中间包、结晶器、二冷区采用不同的工艺技术，对铸坯质量进行有效的控制，以消除铸坯缺陷或把缺陷降低到不影响产品质量所允许的范围内。

铸坯缺陷一般分为表面缺陷、内部缺陷和形状缺陷；表面缺陷一般有表面裂纹、气泡、夹渣、双浇、振痕异常、冷溅、划痕等；内部缺陷一般有内裂、非金属夹杂物、中心偏析和中心疏松等；形状缺陷一般有脱方、鼓肚、纵向和横向凹陷等。

C　铸坯表面质量

铸坯表面质量的好坏决定了在热加工之前是否需要精整。它是影响金属收得率和成本的重要因素，也是铸坯热送和直接轧制的前提条件。铸坯表面缺陷产生的原因是极其复杂的，要针对缺陷的类型具体分析。不过从总体上可以说，表面缺陷主要是受钢水在结晶器凝固过程控制的。铸坯常见的表面缺陷：

（1）表面纵裂纹。铸坯表面的裂纹，会影响轧制产品的质量。纵裂严重时会造成废品或拉漏事故。

铸坯表面纵裂起源于结晶器内，是在结晶器弯月面区初生坯壳厚度不均匀，作用于坯壳上的拉应力超过钢的高温允许强度和应变，在坯壳的薄弱处产生应力集中导致产生纵裂，出结晶器后在二冷区继续扩展。

铸坯表面纵裂产生的因素：

1）保护渣对纵裂的影响。渣子熔化速度过快或过慢，使液渣层过厚或过薄；或者渣子黏度不合适，流入坯壳与铜壁之间渣膜厚薄不均匀，致使结晶器导热不均而导致局部区域坯壳厚度不均促使纵裂纹产生。液渣层厚度小于10mm，铸坯表面纵裂纹增加。

2）结晶器液面波动对纵裂的影响。浇注液面波动增大，发生裂纹趋势越严重。而结晶器液面的稳定性是受钢水流量、水口堵塞、水口结构、插入深度以及由钢水再循环引起的弯月面产生的波浪有关的，这是一个复杂的体系。结晶器液面波动大于10mm，发生纵裂的几率占30%；浸入式水口插入深度的变化大于40mm，发生纵裂几率占20%。总之，纵裂纹的形成是多种因素综合作用的结果。

（2）表面横裂纹。铸坯横裂纹通常是隐藏看不见的。它是位于铸坯内弧表面振痕的波谷处。深度可达 7mm、宽度 0.2mm。裂纹就有很细的裂纹，而在矫直操作区裂纹进一步扩展。裂纹扩展程度决定于钢中 Al 含量、晶界沉淀质点尺寸及铸坯矫直温度等。

振痕是与横裂纹共生的，要减少横裂纹就是要减少振痕深度。振痕的形成是由于结晶器振动，引起弯月面钢水周期性流动使坯壳发生折叠所致。振幅越大，振痕越深；负滑脱时间越长，振痕越深；振动频率越低，振痕越深。振痕深处树枝晶粗大，溶质元素富集，当铸坯受到应力作用就成为裂纹的发源地。

（3）铸坯表面夹渣。夹杂或夹渣是铸坯表面的一个重要缺陷。夹渣嵌入表面深度达 2~10mm。从外观看，硅酸盐夹杂颗粒大而浅，而 Al_2O_3 夹杂颗粒小而深，如不清除，则就会在成品表面留下许多弊病。

铸坯表面夹杂的来源主要是：

1）保护渣中未溶解的组分；

2）上浮到钢液面未被液渣吸收的夹杂；

3）富集 Al_2O_3：Al>20% 的高黏度的渣子。

结晶器保护渣卷入凝固壳有以下原因：

1）浸入式水口流出的注流向上回流过强，穿透渣层而把渣子卷入液体中；

2）靠近水口周围的涡流把渣子卷入；

3）沿水口周围上浮的气泡过强，搅动钢渣界面把渣子卷入；

4）钢水温度低，保护渣结壳或未熔融渣卷入。

（4）铸坯皮下气孔。钢液凝固时 C-O 反应生成的 CO 或 H_2 的逸出，在柱状晶生长方向接近铸坯表面形成的孔洞称气孔，直径一般为 1mm，深度约为 10mm。气孔裸露在表面的称表面气孔，没有裸露的称皮下气孔，气孔小而密集的称皮下针孔。在加热炉内铸坯皮下气孔外露被氧化而形成脱碳层，在轧材上会形成表面缺陷，深藏的气孔会在轧制产品上形成微细裂纹。脱氧不良是造成皮下气孔的重要原因之一，钢中溶解 Al>0.008% 就能防止 CO 的生成。用油做润滑剂或保护渣、钢包、中间包覆盖剂，绝热板干燥不良会导致 H_2 逸出生成皮下气孔。

D　铸坯内部质量

铸坯内部质量主要是指低倍结构（柱状晶与等轴晶比例）、中心偏析、内部裂纹和夹杂物水平。总的来看，铸坯内部质量是与一、二冷区的冷却和支撑辊系统密切相关的。铸坯凝固结构与钢锭相比，连铸坯低倍结构与钢锭无本质上差别，也是由激冷层、柱状晶和中心等轴晶区组成，但连铸坯低倍结构特点是：

连铸坯相当于高宽比相当大的钢锭凝固，边运行边凝固。液相穴很长，钢水补缩不好，易产生中心疏松和缩孔。

钢水分阶段凝固，结晶器形成初生坯壳，二冷区喷水冷却完全凝固。二冷区坯壳温度梯度大，柱状晶发达，但凝固速度快，晶粒较细。连铸坯低倍结构控制的主要任务是：控制柱状晶与等轴晶的生长。

a　铸坯中心偏析

偏析是凝固过程中溶质元素在固相和液相中再分配的结果，表现为铸坯中元素分布的不均匀性，恶化力学性能，降低韧性。

偏析可分为显微偏析和宏观偏析两种。显微偏析局限于树枝干和枝晶之间成分的差异，而宏观偏析是长距离范围成分差异，在同一产品上会产生力学性能各向异性。

连铸坯中的宏观偏析主要表现为中心偏析，如铸坯中心 C 为原始含量的 2.2 倍，S、P 大约是 5 倍。而 C、S、P 的中心偏析严重，铸坯轧后冷却时在产品中产生马氏体和贝氏体的转变产物，对氢脆裂纹非常敏感，同时中心偏析区粗大的沉淀物；加速了中心裂纹的扩展。

铸坯中心偏析形成有两种机理：

（1）"凝固桥"理论。铸坯凝固过程中凝固桥的形成阻止了液体的补缩，形成中心缩孔和疏松，导致中心偏析。

（2）鼓肚理论。铸坯凝固过程中坯壳的鼓胀，造成树枝晶间富集溶质液体的流动，或者凝固末期由于铸坯收缩使凝固末端富集溶质液体流动导致中心偏析（或称半宏观偏析）。

b　铸坯中心致密度

铸坯中心致密度决定了中心疏松和偏析程度，而致密度主要决定于柱状晶与等轴晶比例。它与以下因素有关：

（1）钢种。低碳钢（0.1%~0.2%）和高碳钢（0.5%~0.7%）的柱状晶发达，中碳钢（0.2%~0.5%）柱状晶较短。奥氏体不锈钢柱状晶发达，铁素体不锈钢有柱状晶和中心等轴晶。

（2）冷却制度。二冷区强冷，促进柱状晶的生长，以致形成搭桥造成严重的中心疏松和偏析。

（3）浇注温度。高温浇注促进柱状晶生长。加速柱状晶向等轴晶的转化是改善中心致密度的有力措施：尽可能在低的过热度下浇注；加速液相穴过热度的消除；采用电磁搅拌技术。

c　铸坯内部裂纹

铸坯内部裂纹有中间裂纹、矫直裂纹、皮下裂纹、角部裂纹和中心线裂纹等。铸坯内裂纹起源于固液界面并伴随有偏析线，即使轧制时能焊合，还会影响钢的力学性能和使用性能。

铸坯内裂纹特征如下：

（1）角部裂纹。角部裂纹是在结晶器弯月面以下 250mm 以内产生的，裂纹首先在固液交界面形成然后扩展。铸坯角部为二维传热，凝固最快收缩最早，产生气隙，传热减慢坯壳较薄，在鼓肚或菱变造成的拉应力作用于坯壳薄弱处而产生裂纹，严重的角部裂纹还会产生漏钢。

（2）中间裂纹。中间裂纹位于铸坯表面和中心之间的某一位置上。它主要是由于二冷区冷却不均匀，坯壳反复回温（温度回升超过 100℃）；或者由于支撑辊对中不良（如开口度偏大，辊子变形使坯壳鼓肚），在凝固前沿受到张应力作用，在固液交界面出现裂纹，并沿柱状晶薄弱处继续扩展直到坯壳高温强度能抵抗应力为止。在裂纹里吸入富集溶质 S、P 的液体。合理的二次冷却的比水量及钢水过热度是减少中间裂纹的方法。

（3）压缩（矫直）裂纹。带液芯的铸坯矫直时，拉矫辊压力过大，铸坯受压面的垂直方向变形超过允许变形而产生裂纹，裂纹集中在内弧侧柱状晶区，裂纹内充满残余母液。

（4）皮下裂纹。离铸坯表面不等（3~10mm）的细小裂纹，主要是由于铸坯表层温度反复回升所发生的多次相变，裂纹沿两种组织交界面扩展而形成的。

（5）中心线裂纹。铸坯横断面中心区域可见的缝隙称为中心线裂纹，并伴随有 S、P、C 的正偏析。它是由柱状晶搭桥或凝固末期铸坯鼓肚而产生的。

（6）对角线裂纹。它常发生在两个不同冷却面凝固组织交界面，小方坯的菱变、结晶器冷却不均匀及二冷不对称冷却都会导致此种裂纹的产生。

（7）星状裂纹。方坯横断面中心裂纹呈放射状。凝固末期接近液相穴端部中心残余液体凝固要收缩，而周围的固体阻碍中心液体收缩产生拉应力。另外，中心液体凝固放出潜热又使周围固体加热而膨胀，在两者的综合作用下使中心区受到破坏而导致放射性裂纹。

铸坯在连铸机内凝固冷却过程中能否产生裂纹决定于三个条件：固液交界面所能承受的外力（如热应力、鼓肚力、矫直力、弯曲力等）和由此产生的塑性变形超过了所允许的高温强度和极限应变值，则形成树枝晶间裂纹；铸坯凝固结构，即柱状晶和等轴晶比例，柱状晶发达促使裂纹的扩展；残余杂质元素的含量。如 $w(S) < 0.02\%$、$w(P) < 0.02\%$产生裂纹的几率减少。

铸坯表面裂纹和内部裂纹可以在连铸机不同区域产生，裂纹形状各异，产生原因也极其复杂，受设备状况、凝固条件和工艺操作等因素的影响。铸坯凝固过程坯壳所受各种外力作用是产生裂纹的外部条件，而影响坯壳产生裂纹的本质因素是钢在 1400~600℃ 的力学行为。因此，只有充分认识铸坯凝固冷却过程中坯壳力学行为，在设备和工艺上采取正确决策，才是防止坯壳产生裂纹的有效方法。

E　铸坯形状缺陷

a　脱方（菱变）

在方坯或矩形坯的截面中，如果一条对角线大于另一条对角线称之为脱方。脱方从结晶器到二冷区铸坯脱方还定期转换方向，引起方坯脱方的根本原因在于结晶器弯月面区域的初生坯壳厚度的不均匀性，进入二冷区进一步发展。

脱方是结晶器 4 个面不均匀冷却所致。由于受结晶器壁的约束，铸坯坯壳呈方形，但坯壳厚度不均匀，冷却强的角部形成锐角，冷却弱的角部形成钝角。锐角附近坯壳较厚，钝角附近坯壳较薄。在二冷区喷水冷却时，即使 4 个面冷却均匀，但坯壳厚度不均造成温度不一致，导致坯壳不均匀收缩而促使菱变进一步发展。

b　鼓肚

带液芯的铸坯在连铸机运行过程中，由于钢水静压力作用，铸坯中心高温坯壳鼓胀成为凸面，这称为鼓肚。板坯鼓肚会引起液相穴内富集溶质钢水产生流动，引起严重的中心偏析和内部裂纹，对铸坯质量带来严重的危害。

减少鼓肚的措施有：

（1）缩小辊间距。铸机从上到下辊子由密向疏布置；

（2）加大冷却强度，增加凝固壳厚度和高温强度；

（3）支撑辊严格对中；

（4）降低过热度，降低拉速。

　　c　凹陷

　　凹陷分为纵向凹陷和横向凹陷。纵向凹陷是在方坯角部附近，平行于角部，有连续的或断续凹陷。通常是由于脱方引起，并伴生纵向裂纹，严重时会导致漏钢。铸坯在结晶器中的冷却不均，局部收缩是造成纵向凹陷的主要原因。在实际生产中常见的导致因素有：脱方伴生的缺陷；结晶器与二次冷却装置对弧不准；二次冷却局部过冷；拉矫辊上有金属物。横向凹陷是在局部的表面凹陷，垂直于轴线，沿铸坯表面间隔分布。横向凹陷部位有时并伴生横向裂纹，严重时会导致漏钢。凝固壳与结晶器接触不良和摩擦阻力是产生横向凹陷的原因。在实际生产中常见的导致因素有：结晶器润滑不当及结晶器内液面波动过快、过大所造成的。连续性的横向凹陷与结晶器保护渣的性状有关，局部的横向凹陷是由于操作不当引起的。

1.2.2　非连铸连轧原料缺陷产生的成品表面问题

1.2.2.1　非金属夹杂

　　特征不具有金属性质的氧化物、硫化物、硅酸盐和氮化物等潜入钢板本体并显露于钢板表面的点状、片状或条状缺陷。

　　非金属夹杂的成因：

　　（1）炼钢过程中脱氧剂加入后形成的脱氧化合物，在凝固过程中来不及浮出、排除而留于钢坯中，轧制后暴露于钢板表面；

　　（2）炼钢中间包、钢包等的耐火材料崩裂，脱落后进入钢水；

　　（3）由于连铸浇铸速度过快，捞渣不及时，造成保护渣随钢液卷入结晶器内，在钢坯和坯壳之间形成渣钢混合物，轧制后暴露于钢板表面；

　　（4）钢坯在加热炉内加热时，加热炉耐火材料崩裂脱落到钢坯表面，轧制时压入钢板。

1.2.2.2　气泡

　　在钢板表面出现无规律分布的或大小不同的鼓包，外形比较圆滑。气泡开裂后呈不规则的缝隙或孔隙，裂口周边有明显的胀裂产生不规则"犬齿"，裂后的末梢有清晰的塌陷，裂口内部有肉眼可见的夹杂富集。

　　产生气泡的成因：

　　（1）钢坯皮下夹杂引起的，它主要是与中间包水口对中不良或保护渣质量有关，保护渣卷入钢水后产生的含有非金属夹杂的气囊，在轧制时，气体体积缩小压力增大而产生鼓泡并呈现在钢板局部表面上；

　　（2）钢中气体引起的，连铸时由于拉速较快，钢坯内部的气体没有充分的时间溢出，留在钢坯内部形成气泡，在轧制时气泡扩展，导致金属局部难以焊合，当气泡内压力足够大时将在钢板表面鼓起形成鼓包。

1.2.2.3　结疤

　　钢坯表面呈现为舌状、块状或鱼鳞状压入或翘起的金属片。

结疤成因：钢坯在热状态下表面粘结有外来的金属物。

【任务实施】

原料工艺操作及入库

A　原料工艺操作

（1）原料一般技术要求，连铸坯的外形、尺寸及表面质量执行 YB/T 2012—2014《连续铸钢板坯》。

（2）原料进厂后由原料工根据坯料的信息逐项核对入库坯料的板坯号、钢种、规格尺寸，确认无误后做坯料入库操作。

（3）原料进厂时，如发现坯料板坯号、钢种、规格尺寸、表面质量等有问题，原料工应拒绝作坯料入库操作。

（4）入库坯料的实际垛位及层号应与 MES 系统中的坯料信息相一致。

（5）接收后的坯料，原料工根据实际生产情况安排坯料入炉，在 MES 系统中作天车命令下发操作，天车工根据 MES 系统中的吊料信息作坯料吊料、上料操作。

（6）在上料前，上料工应根据原料工所提供的所上坯料信息与实物进行核对，当核对无误后再通知天车作上料操作。

（7）堆垛要整齐平稳，不得歪斜。垛高不得超过 2m，垛距不得小于 1m，行距不得小于 1m，垛到过跨车轨道距离不得小于 1.5m，垛到厂房柱子距离不得小于 2.5m。

（8）若操作室人员发现原料规格、炉号等信息不符时，应做炉前拒收，并通知原料工，原料工负责入库并协调炼钢厂进行解决。

B　原料入炉

a　坯料入库操作

（1）坯料入库时，原料工应对车上每块坯料进行核对，记录板坯号以便准确做好 MES 系统入库操作，必须保证坯料实物与 MES 垛位顺序信息一致。同时，检查钢坯表面质量，对于存在问题的钢坯可拒绝入库，避免不合格钢坯入库。

（2）车辆板坯入库，原料工在"材料吊车命令完成"画面发送天车吊运作业命令，原料工代替天车工进行天车作业命令确认操作（天车作业命令确认操作可在"车辆材料入库"画面执行），原料工指挥天车，卸料时按照 MES 中天车作业命令顺序对相应钢坯进行吊运，一定核实 MES 垛位信息与实物顺序一致。

（3）天车工要根据原料工的指挥将坯料入库到指定垛位，不能随意吊运，对于未按照原料人员指挥吊运的天车人员，可根据后果严重性加重考核。

（4）各班组原料人员要在下班前对原料库内的坯料进行核查，发现实物与 MES 信息不一致的情况要及时更正。各班在交接班时，也要对原料库内的坯料进行核对。

b　坯料上料操作

（1）原料工上料时，要提前将坯料信息写在上料单上交给上料工，上料工按此信息对钢坯进行核对，保证钢坯上料时的准确。上料工如果发现信息与实物不一致，要及时通知值班主任与作业区领导，调度室应有记录。

（2）原料工在"厚板轧制作业命令管理"画面进行原料上料操作，发送天车吊运作业命令，原料工代替天车工进行天车作业命令确认操作（天车作业命令确认操作可在"车辆材料入库"画面执行），上料工按照原料工所下 MES 吊运命令指示，指挥天车，按照原料工所给的上料顺序对相应钢坯进行吊运，上料时保证 MES 上料顺序与实物顺序一致。

（3）如车辆上有需要直接入炉的坯料，则由原料工对车上的坯料进行核对，并将车上坯料信息告诉上料工，由上料工指挥天车进行吊运。

（4）钢坯的检查，每天原料三班要对原料库内的冷料尺寸进行抽查，每班要至少抽查一炉；每天原料常日班要至少抽查两炉，并做好记录，每天早班十时前，要将前一天的抽查结果汇报到生产技术科，发现超标的钢坯需要将钢坯扣下，联系炼钢检验确认、改尺。

（5）如果加热上料工未按原料所提供的信息对坯料进行核对，导致坯料上辊道后包括装炉、出炉或轧制过程中发现信息与实物不符，将考核加热相关责任人，对于造成严重后果的将根据情况对责任人加倍考核。

（6）上料工要对所上坯料的表面质量进行检查，对于表面不干净的坯料，有权拒绝上炉，同时要通知原料工进行清理，待清理干净后方可上炉。

【任务总结】

掌握原料选择与工艺操作及入库的实施过程与注意事项，在工作中树立谨慎务实的工作作风，成为一名合格的原料区操作员。

【任务评价】

选择原料工艺操作及入库					
开始时间		结束时间		学生签字	
				教师签字	
项　目	技术要求			分值	得分
原料工艺操作及入库	（1）方法得当； （2）操作规范； （3）正确使用工具与设备； （4）团队合作				
任务实施报告单	（1）书写规范整齐，内容翔实具体； （2）实训结果和数据记录准确、全面，并能正确分析； （3）回答问题正确、完整； （4）团队精神考核				

 思考与练习

1-2-1 连铸坯的外形、尺寸及表面质量执行标准。

1-2-2 混钢会对企业生产造成什么不良后果？

1-2-3 什么是连铸坯纯净度？

1-2-4 什么是连铸坯的表面质量？

1-2-5 连铸坯的外观形状检验是指什么？

1-2-6 连铸坯的内部质量是指什么？

1-2-7 连铸坯的内部缺陷是指什么？

1-2-8 对连铸坯料有哪些技术要求？

1-2-9 坯料的主要缺陷有哪些？

1-2-10 原料表面缺陷常用的清理方法有哪些？有什么要求？

1-2-11 原料验收包括哪些内容？

1-2-12 原料的选择要求是什么？

1-2-13 为什么要广泛地使用连铸板坯？

1-2-14 如何确定连铸板坯尺寸？

学习领域 2 加 热

任务 2.1 认识加热设备

【任务描述】

钢坯通过加热炉加热能够提高塑性和降低变形抗力，使坯料内外温度均匀，改变金属的组织，消除钢坯在浇注过程中产生的一些组织缺陷。认识加热炉是能够成为一名合格司炉工的基础。通过本任务学习，掌握加热设备的种类和技术参数。

【相关资讯】

2.1.1 加热的目的及要求

将室温提高到满足热加工所需温度的过程称为钢的加热。

加热的目的有：

第一，提高钢的塑性和降低变形抗力。坯料在轧制温度较高时，对轧辊的变形抗力小，当轧制温度较低时，相应的变形抗力会增大。因此，轧制温度较高时，变形抗力小，可以较大的压下量轧制，减少轧辊的磨损或断辊及轧机设备事故。例如，普碳钢在常温下的变形抗力约为500MPa，这样在轧制时就需要很大的轧制力，如果将它加热至1200℃，变形抗力会降低至30MPa，比常温下大大降低。

第二，使坯料内外温度均匀，坯料内外温差会使金属产生内应力而造成中厚板的废品或缺陷。通过均热使坯料断面内外温差缩小，避免出现危险的温度应力。

第三，改变金属的组织，消除钢坯在浇注过程中产生的一些组织缺陷。

2.1.2 常用加热设备

连续加热炉是轧钢车间应用最普遍的炉子。钢坯由炉尾装入，加热后由炉头排出。推钢式连续加热炉，钢坯在炉内是靠推钢机的推力沿炉底滑道不断向前移动；机械化炉底连续加热炉，钢坯则靠炉底的传动机械不停地在炉内向前运动。燃烧产生的炉气，一般是对着被加热的钢坯向炉尾流动，即逆流式流动（钢坯与气流方向相反）。钢坯移到出料端时，被加热到所需要的温度，经过出钢口出炉。

2.1.2.1　连续加热炉特点及分类

连续加热炉的工作是连续性的，钢坯不断地加入，加热后不断地排出。在炉子稳定工作的条件下，炉内各点的温度可以视为不随时间而变，属于稳定态温度场，炉膛内传热可近似地当作稳定态传热，钢锭内部热传导则属于不稳定态导热。

具有连续加热炉热工特点的炉子很多，从结构、热工制度等方面看，连续加热炉可按下列特征进行分类：

（1）按温度制度可分为两段式、三段式和强化加热式；

（2）按被加热金属的种类可分为加热方坯的、加热板坯的，加热圆管坯的、加热异型坯的；

（3）按所用燃料种类可分为使用固体燃料的、使用重油的、使用气体燃料的、使用混合燃料的；

（4）按空气和煤气的预热方式可分为换热式的、蓄热式的、不预热的；

（5）按出料方式可分为端出料的和侧出料的；

（6）按钢料在炉内运动的方式可分为：推钢式连续加热炉、步进式炉，辊底式炉，转底式炉、链式炉等。

除此以外，还可以按其他特征进行分类，如料坯排数、供热点位置等。总的说来，加热制度是确定炉子结构，供热方式及布置的主要依据。

2.1.2.2　典型三段式连续加热炉

三段式连续加热炉，如图 2-1 所示。

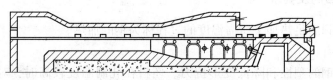

图 2-1　三段式连续加热炉

A　三段式连续加热炉的温度制度

三段式连续加热炉在加热制度上采取预热期、加热期、均热期三段温度制度。在炉子的结构上也相应地分为预热段、加热段、均热段。一般有三个供热点，即上加热、下加热与均热段加热。断面尺寸较大的钢料和合金钢料的加热，多采用三段式炉温制度的三段连续加热炉。

钢坯或钢锭由炉尾推入后，先进行预热段缓慢升温，出炉废气温度一般保持在 850～950℃，最高不超过 1050℃。然后钢坯被推入加热段，强化加热，迅速把钢料表面升温到出炉所要求的温度，并允许钢料内外有较大的温差，这里温度保持在 1320～1380℃。最后，钢料进入温度较低的均热段进行均热，钢料表面温度不再升高，而是使断面上的温度逐渐趋于均匀。均热段的温度一般为 1250～1300℃，即比钢的出炉温度约高 50℃。现在连续加热炉的加热段及均热段的温度有提高的趋势，加热段超过 1400℃，废气出炉温度也相应提高，与此同时也很重视加热段、均热段温度分布的均匀性，各段温度可以分段自动调节，使炉温的控制更加灵活。

近年来有些国家由于能源的紧张，又出现了一个新的动向，即不强调炉子的生产能力，而强调节约能源，由高产型的炉子向节能型的炉子转变。延长了预热段的整个炉长，降低了废气出炉温度，使炉底强度下降，但单位热耗也降下来。由于炉长的增加，设备投资有所增加，但由于热能的节约，投资很快就可以收回。

B　三段式连续加热炉的炉型

炉型的变化很多，但结构上仍有一些共同的基本点。

炉顶轮廓曲线的变化是很大的，它大致与炉温曲线相一致，即炉温高的区域炉顶也高，炉温低的区域炉顶也相应压低。在加热段与预热段之间，有一个比较明显的过渡，炉顶向预热段压下。这是为了避免加热段高温区域有许多热量向预热段的低温区域辐射，加热段是主要燃烧区间，空间较大，有利于辐射换热；预热段是余热利用的区域，压低炉顶缩小炉膛空间，有利于强化对流给热。但也有的炉子着眼于强化加热，使加热段相对延长。加热段与预热段之目的界限也不再十分明显。

在加热高合金钢和易脱碳钢时，预热段温度不允许太高，加热段不能太长，而预热段比一般情况下要长一些，才不致在钢内产生危险的温度应力。为了降低预热段的温度并延长预热带的长度，采用了在炉子中段加中间烟道的办法，如图 2-2 所示，以便从加热段后面引出部分高温炉气，不让其通过预热段。有的炉子还采取加中间隔墙的措施，也是为了达到同样的目的。

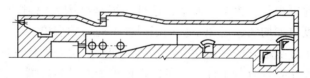

图 2-2　带中间烟道的三段式连续加热炉

在炉子的均热段和加热段之间将炉顶压下，是为了使端墙具有一定高度，以便于安装烧嘴。因此如果全部采用炉顶烧嘴及侧烧嘴，也可以使炉子结构更加简化，即炉顶完全是平的，上下加热都用安装在平顶和侧墙上的平焰烧嘴。炉温制度可以靠调节烧嘴的供热量来实现，根据供热的多寡可以相当严格地控制各段的温度分布。例如，产量低时，可以关闭部分烧嘴，缩短加热段的长度。由于炉子的烧嘴数目很多，用人工调节不便，因此这种炉子都是实行温度的自动调节的。这种炉型如图 2-3 所示。

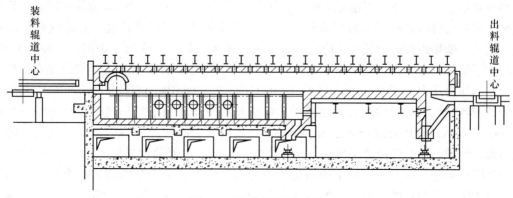

图 2-3　平顶式连续加热炉

多数推钢式连续加热炉炉尾烟道是垂直向下的，这是为了让烟气在预热段能紧贴钢坯的表面流过，有利于对流换热。由于炉气的惯性作用，炉气经常会从装料门喷出炉外，出现冒黑烟或冒火现象，造成炉尾操作条件恶劣，污染车间环境，并容易使炉后设备变形。为了改变这种状况，采取使炉尾部的炉顶上翘并展宽该处炉墙的办法，其目的是使气流速度降低，部分动压头转变为静压头，也使垂直烟道的截面加大，便于烟气顺利向下流动，从而减少了烟气的外逸。但近来连续加热炉使用金属器和余热锅炉渐多起来，这些附属设备配置在炉顶上面，便于操作和维护，因此一些炉子采用上排烟的方案。上排烟可以减少大量的地下工程，便于施工，在地下水位高的地方更为有利，但上排烟需要较多的钢材。

C　连续加热炉气流的组织

连续加热炉内火焰的组织与燃烧装置的形式、位置、角度、空气与燃料比例有关，也和炉内压力的大小和分布有关。

端部烧嘴供热的炉子主要依靠烧嘴角度组织炉内火焰。烧嘴下倾的角度大，则火焰直接冲向钢坯的表面，容易使钢的局部过热；如果烧嘴角度太小，火焰又向上飘，使对流热交换减弱。一般在烧煤气的炉子上，上部端烧嘴下倾角度大约在 $10° \sim 15°$，下加热端烧嘴上倾角大约 $8° \sim 15°$。油烧嘴的倾角小一些，有些炉子的烧嘴甚至没有倾角，使用高压重油烧嘴时，大多是水平放置的。

炉顶烧嘴和侧烧嘴的采用，改变了传统的组织火焰的概念。平焰烧嘴使火焰沿炉顶表面径向散开，轴向速度很小，火焰短而平，这种火焰是靠增大辐射面积，加强定向辐射，使整个加热区域温度更加均匀，避免了长火焰温度不均匀的现象。这种供热方式只有在实现自动调节时才能更好显示它的优越性。随着连续加热炉向大型化发展，炉子采用侧烧嘴的逐渐增多。侧烧嘴的布置有若干优点，可以根据炉子产量和烧嘴的类别，组织不同的炉温制度，可以使整个加热段沿炉长方向上温度相近，炉膛前后压差也比较小，操作起来灵活方便。缺点是在炉宽方向上温度不均匀，但如果采用火焰长度可调烧嘴，即使较宽的炉子也能保持炉宽方向上有合适的温度分布。采用端烧嘴或侧烧嘴要视具体情况而定，例如加热长板坯时，用轴向端烧嘴比横向侧烧嘴更有利于沿炉宽上温度的均匀分布，甚至要求出炉长板头尾有一定的温差，保证在出炉降温后，两端进入轧机时温度基本一致，这一点用侧烧嘴就难以调整。

炉膛压力的分布对连续加热炉热工的影响很大，直接关系炉膛温度分布、钢的加热速度和加热质量。由气体静力学原理可知，如果炉膛内保持正压，炉气又充满炉膛，对传热有利。但炉气将由装料门出料门等外逸出，不仅污染恶化了操作环境，并造成热能的损失。反之，如果炉膛内为负压，冷空气将由炉门被吸入炉内，降低了炉温，对传热不利，并增加了炉气中的氧含量，加剧了钢的烧损现象。所以对炉压的控制基本要求是在出料端炉底平面保持压力为零或 $1 \sim 2mmH_2O$（$1mmH_2O = 9.80665Pa$）的微正压，这样炉气外逸和冷风漏入的危害可减到最低限度。炉压沿炉长的分布是由前向后递增，总压差一般约 $2 \sim 4mm$，造成这种压力递增的原因，是由于烧嘴射入炉膛内的流股的动压头转变为静压头所致。炉膛内压力的调节手段：一是靠烧嘴的射流，射流的动量越大，会使炉压越大。炉顶烧嘴轴向的动量很小，向下递增的压力分布又恰好抵消了热气造成的垂直方向的压差，这种炉子沿炉长的压力分布很均匀。炉压调节的另一手段是依靠烟道闸板，降低闸板时增加烟气在烟道内的阻力，炉内压力将升高，提起闸板时烟道阻力减小，烟囱对炉子的抽力增大，炉内压力下降（负压增加）。由于炉子热负荷在不断变动，废气量也在相应地变化。要保持炉内零压线的稳定，就要及时调整烟道闸板。但在没有实现炉膛压力自动调节的炉子上，不能及时以压力为控制参数调整烟道闸门，所以难以保持炉压的稳定。炉压的波动也影响火焰的组织，抽力增大时，火焰被拉向炉尾，使加热段无异于增长；反之，炉尾温度则较低。所以炉压的波动造成炉内温度分布的波动，不能保证炉温度的稳定。

D 三段连续加热炉的供热分配

连续加热炉的供热是根据加热工艺所要求的温度制度来分配的，它保证加热制度的实现和钢坯加热温度的均匀性，并和炉子生产率有密切的关系。

三段连续加热炉一般是三个供热段，即均热段、上加热段和下加热段。各段燃料分配的比例大致是：均热段占 20%~30%。上加热段占 20%~40%，下加热段占 40%~60%，总和为 100%。但为了使炉子在生产中有一定的调节余地，所以供热能力的配置比例应大于燃料分配的比例，即烧嘴能力的总和应为燃料消耗量的 120%~130%。这样大体上均热段、上加热段、下加热段的供热能力分配比例是 30∶40∶60。当炉底水管绝热包扎比较有效时，可以适当减少下加热燃料的比例。

E 连续加热炉的装料与出料方式

连续加热炉的装料与出料方式有端进端出、端进侧出和侧进侧出几种，其中主要是前两种，侧进侧出的炉子较少见。

一般加热炉都是端进料，钢坯的入炉和推移都是靠推钢机进行的。炉内料坯有单排放置的，也有双排放置的，要根据钢坯的长度、生产能力和炉子长度来确定是单排料还是双排料。

推钢式加热炉的长度受到推钢比的限制，所谓推钢比是指钢坯推移长度与钢坯厚度之比，推钢比太大会发生拱钢或翻炉事故。其次，炉子太长，推钢的压力大，高温下容易发生黏钢现象，难以处理。所以炉子的有效长度要根据允许推钢比来确定。一般原料条件时方坯的允许推钢比可取 200~250，板坯取 250~300。如果超过这个比值，就采用双排料或两座炉子。但如果钢坯平直，圆角不大，摆放整齐，炉底清理及时，推钢也可以突破这个数值。钢坯不太长时尽量采用双排料，这比多增加一座炉子，在设备投资和生产费用上都节省很多。

出料的方式分侧出料与端出料两种，两者各有利弊。端出料的优点是：（1）由炉尾推钢机直接推钢出料，不需要单独设出钢机，侧出料需要有出钢机；（2）如钢坯较宽时（如板坯），只能用端出料，若用侧出料，出料门势必开得很大；料坯太长也不宜用侧出料，因为这时出钢机推钢的行程很大，占用车间面积太大；（3）轧钢车间往往有几座加热炉，采用端出料方式，几个炉子可以共用一个辊道，占用车间面积小，操作也比较方便。但端出料的缺点是出料门位置很低，一般均在炉子零压线以下，出料门又很大，宽度几乎等于炉宽，从这里吸入大量冷空气到炉内。冷空气重度大，贴近钢表面对温度的影响大，并且增加金属的烧损，烧损量的增加又使实炉底上氧化铁皮增多，给操作带来困难。侧出料的出料门位置和炉底一样高，出料门又很小，可以减轻或避免上述的危害。

为了克服端出料门吸入冷空气这一缺点，在出料口采取了一些封闭措施。常见的有：（1）在出料口安装自动控制的炉门，开闭由机械传动，不出料时炉门是封闭的，出钢时自动随推钢机一同联动而开启；（2）在均热段安装反向烧嘴，即在加热段与均热段间的端墙或侧墙上，安装向炉前倾斜的烧嘴，喷入煤气或重油形成不完全燃烧的火幕，一方面增加出料口附近的压力，另一方面漏入的冷空气也可参加燃烧；（3）加大炉头端烧嘴向下的倾角，同时压低均热段与加热段之间的炉顶，利用烧嘴的射流驱散钢坯表面低温的气体，均热段气体进入加热段时的阻力加大，均热段内的炉压增加，对减少冷风吸入有一定作用；（4）在出口料挂满可以自由摆的窄钢带或钢链，可以减少冷空气的吸入，并对向外的辐射散热起屏蔽作用。

目前只有加热小型钢坯，或者加热质量要求较高的合金钢坯时，才采用侧出料的方式。燃煤加热因为炉头端部有燃烧室，只能采用侧出料。

F　推钢式连续加热炉的炉底结构及出渣

推钢式连续加热的炉底分为架空的水管部分和实炉底均热床（均热床也有架空或半架空的）两部分。

为了克服水冷滑道产生的黑印和上下面温差的问题，并使钢坯表面与中心的温差达到要求，在均热段需要有一段实炉底均热床。均热床多用抗氧化铁侵蚀的镁砖砌筑，上面再铺一层镁砂。为了减少推钢的阻力并保护炉底，在实炉底上铺有耐热钢的金属滑轨。过去认为实炉底段的长度不应小于加热炉有效长度的 20%~25%，但现在有缩短实炉底段的趋势，并且用架空或半架空的结构来代替实炉底。这是因为实炉段只是上面受热，如加热段下加热量不够，本来就有阴阳面，在实炉底上停留时间过长，会使上下表面温度更加不均匀。均热段架空后，在下均热空间安装烧嘴补充供热（总热量的 5%~15%），可以减轻黑印或阴阳面。有一些炉子采取半架空的结构，在实炉底上面砌一些槽，主要是为了便于清渣。底结渣上涨，影响推钢。所以连续加热炉都要定期清渣。当氧化铁皮数量不多时，大部落在炉底上的槽内，可以定期从侧面把渣扒出，不必停炉。有的炉子采用液体出渣，让下加热升温使渣熔化，经渣口流出，这种方式对炉子耐火材料寿命不利。

G　连续加热炉炉膛尺寸

连续加热炉的基本尺寸包括炉子的长度、宽度和高度。它们是根据炉子的生产能力、钢坯尺寸、加热时间和加热制度等确定的。加热炉的尺寸没有严格的计算方法与公式，一般是计算并参照经验数据来确定。

a　炉宽

炉宽是根据钢坯的长度和料的排数来决定的，钢坯和炉墙以及钢坯和钢坯之间的间隔，通常取 $c = 0.2 \sim 0.25\mathrm{m}$，则炉宽为

单排料　　　　　　　　　　　　　　　$B = l + 2c$

双排料　　　　　　　　　　　　　　　$B = 2l + 3c$

式中　l——钢坯长度，m。

b　炉长

由图 2-4 可见，炉子的长度分为全长和有效长度两个概念，有效长度是钢坯在炉膛内所占的长度，而全长还包括了从出钢口到端墙的一段距离。

炉子的有效长度是根据总加热能力计算出来的，公式为

$$L_{效} = \frac{Gb\tau}{ng}$$

式中　G——炉子的生产能力，kg/h；

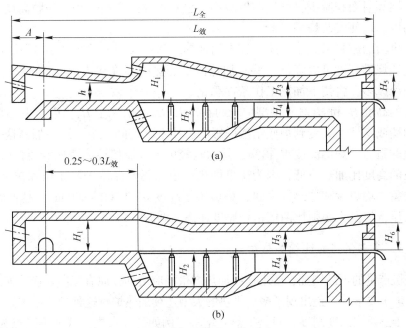

图 2-4　加热炉的基本尺寸

（a）全长；（b）有效长

b ——每根钢坯的宽度，m；

τ ——加热时间，h；

n ——料坯的排数；

g ——每根钢坯的质量，kg。

炉子全长等于有效长度加上出料口到端墙的距离 A，A 的长度决定于燃烧情况和出料方式。火焰较长时，A 值应较大。端出料的炉子要考虑出料斜坡滑道的长度，出料斜坡的角度（与水平的夹角）一般为 32°~35°。侧出料的炉子只要考虑能设置出料门即可。A 大约为 1~3m。

由于受推钢比的限制，并且炉子过长时推钢压力太大，容易发生黏钢，所以目前推钢式加热炉的长度没有超过 40m 的（最长的 37.6m）。

连续加热炉各段的长度可以由加热时间计算出来，但计算往往和实际有出入，故还要参照经验数据来确定。在三段式加热炉中，均热段长度约占炉子有效长度的 15%~30%，视钢坯的厚薄而定，如果断面尺寸小，均热时间短，均热段就短一些。加热段和预热段大约各占有效长度的 25%~40%。加热合金钢的炉子，由于预热需要缓慢加热，所以预热段长度要占 50%。

　c　炉膛高度

炉膛高度在各段差别是很大的，炉膛高度现在不可能从理论上进行计算，各段的高度都是根据经验数据确定的。

决定炉膛高度要考虑两个因素：热工因素和结构因素。

要保证火焰能充满炉膛，对烧煤的炉子不能组织火焰，炉高应低一些，否则火焰不能充满炉膛，高温炉气飘在上面，靠近钢坯表面是温度较低的炉气，这对传热很不利。但炉膛太低，炉墙辐射面积减少，气层厚度减小，也对炉膛热交换不利。炉膛高度要考虑到端墙有一定高度，以便安装烧嘴。

加热段供给的燃料量最多，应有较大的加热空间。大型加热炉的 H_1 可达 3m，甚至更高，如果用侧烧嘴高度可以降低一些。加热段下加热的高度比 H_2 上加热低一些，如果太深，吸入的冷风多，将使下加热工作条件恶化。

预热段的高度 H_3 和 H_4 对于中型炉子约在 1m，H_4 可稍大于 H_3，因为下部炉膛有支持炉底水管的墙或支柱，又受到炉底结渣的影响，使下部空间减少。适当加高这一部位，可以减少气流的阻力。炉尾高度 H_3 抬高，是为减轻由于气流惯性大造成的装料门冒火现象。

均热段的高度比加热段低，因为这里供热量小，还要保持炉膛正压和炉气充满炉膛，避免吸风现象。均热段和加热段之间，炉顶压下高度 h 约 $700 \sim 800mm$，越低越能保证均热段维持正压，但至少必须比两倍钢坯厚度还高 200mm。

2.1.2.3　多点供热的连续加热炉

由于轧机产量的不断增加，要求连续加热产量相应增加，原有三段式连续加热炉感到供热不能满足炉子要求，于是出现了多点供热的大型连续加热炉。这种炉子从炉温制度的特点上看，仍属于三段式温度制度，只是供热点增多。例如，五点供热式的供热点为：均热段、第一上加热、第二上加热、第一下加热、第二下加热。六点供热式则又多了一个下均热供热点。有时也把这种炉子称为多段式连续加热炉。如图 2-5 所示为六点供热的大型加热炉。

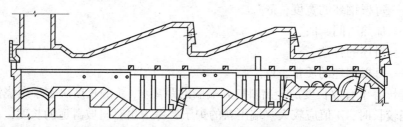

图 2-5　六点供热大型连续加热炉

六点供热大型连续加热炉可以根据钢材的品种不同，灵活地调整各段的供热分配，满足不同加热制度的需要。例如，表 2-1 所列是一个八点供热的连续加热各段供热分配比例。这类炉子的特点是在进料端的有限长度内（即预热段和第二加热段），供给大部分热量，约占总供热量的 65%，而第一加热段和均热段供给的比例只有 35%。在某种意义上预热段已经不是传统的概念，钢坯一入炉就以大的热流量供热，因为低碳钢允许快速加热，不致产生温度应力的破坏，加强预热段的给热就改变了传统炉子只有半截炉膛供热的观念。当需要在低生产率条件下工作时，可以减少预热段的供热量。

表 2-1　多点供热加热炉的供热分配　　　　　　　　　　　（%）

过程方式	上加热	下加热	合　计
均热段	6.18	10.2	16.38
第一加热段	7.00	11.3	18.3
第二加热段	12.7	16.96	29.66
均热段	15.26	20.4	35.66
合　计	41.14	58.86	100.00

在这种炉温制度下，废气带走的热量约占总供热量的 60% 以上，必须有可靠的换热装置才是合理的。目前这种大型炉子主要发展金属换热器，可以安置在炉子上方，即炉子采取上排烟的轻型结构。如果采用黏土换热器，体积势必十分庞大，地下工程量大，整个结构比较复杂。

多点供热连续加热炉由于炉温分布更加均匀，钢坯所接受的热量大部分是得自后半段，此时钢表面的温度还不致造成大量氧化，而在前半段高温区停留的时间相应缩短，烧损也因而下降，还减少了黏钢的现象。所以多点供热的炉子加热质量也比三段式炉为好。

步进式加热炉是各种机械化炉底加热炉中使用最广、发展最快的炉型。20 世纪 70 年代以来，世界各国新建的热连轧机等大型轧机，几乎都采用了步进式加热炉，就是中小轧机也有不少采用这种炉型的。

A　步进式加热炉钢料的运动

步进式加热炉与推钢式加热炉相比，其基本的特征是钢坯在炉底上的移动靠炉底可动的步进梁作矩形轨迹的往复运动，把放置在固定梁上的钢坯一步一步地由进料端送到出料端。图 2-6 所示是步进式加热炉内钢坯运动轨迹的示意图。

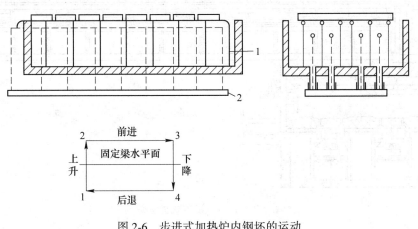

图 2-6　步进式加热炉内钢坯的运动
1—固定梁；2—移动梁

步进式加热炉的炉底由固定架和移动梁（步进梁）两部分组成。最初钢坯放置在固定梁上，这时移动梁位于钢坯下面的最低点 1。开始动作时，移动梁由 1 点垂直上升到 2 点的位置，在到达固定梁平面时把钢坯托起；接着移动梁载着钢坯沿水平方向移动一段距离，从 2 点到 3 点；然后移动架再垂直下降到 4 点的位置，当经过固定梁水平面时又把钢坯放到固定梁上，这时钢坯实际已经前进到一个新的位置，相当于在固定梁上移动了从 2 点到 3 点的一段距离；最后，移动架再由 4 点退回到 1 点的位置。这样移动梁经过上升—前进—下降—后退四个动作，完成了一个周期，钢坯便前进（也可以后退）一步。然后又开始第二个周期，不断循环使钢料一步步前进。移动梁往复一个周期所需要的时间和升降进退的距离，是按设计或操作规程的要求确定的。可以根据不同钢种和断面尺寸确定钢材在炉内的加热时间，并按加热时间的需要，调整步进周期的时间和进退的行程。

移动梁的运动是可逆的，当轧机故障要停炉检修，或因其他情况需要将钢料退出炉子时，移动梁可以逆向工作，把钢坯由装料端运出炉外。移动梁还可以只作升降运动而没有前进或后退的动作，即在原地踏步，以此来延长钢料的加热时间。

　　B　步进式加热炉的结构

　　从炉子的结构看，步进式加热炉分为上加热步进式炉、上下加热步进式炉、双步进梁步进式炉等。

　　上加热步进式炉，顾名思义只有上部有加热装置，固定梁和移动梁是耐热金属制作的，固定炉底是耐火材料砌筑的。这种炉子基本上没有水冷构件，所以热耗较低。这种炉子只能上单面加热，一般用于中小型钢坯的加热。如图 2-7 所示是上加热步进式炉的剖面图。

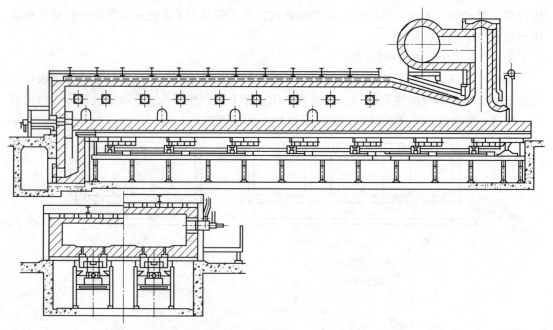

图 2-7　上加热步进式加热炉

　　由于加热大型钢坯的需要，步进式加热炉也逐步发展了下加热的方式，出现了上下加热的步进式加热炉。这种炉子相当于把推钢式炉的炉底水管改成了固定梁和移动梁。固定架和移动梁都是用水冷立管支撑的。梁也由水冷管构成，外面用耐火可塑料包扎，上面有耐热合金的鞍座式滑轨，类似推钢式加热炉的炉底纵水管。炉底是架空的，可以实现双面加热（步进式炉钢坯与钢坯不是紧靠在一起，中间有空隙，所以也可以认为是四面受热）。下加热一般只能用侧烧嘴，因为立柱挡住了端烧嘴火焰的方向，如果要采用端烧嘴，需要改变立柱的结构形式。上加热可以用轴向端烧嘴，也可以用侧烧嘴或炉顶烧嘴供热。考虑到轴向烧嘴火焰沿长度方向的温度分布和各段温度的控制，某些大型步进炉在上加热各段之间的边界上有明显的炉顶压下，而下加热各段间设有段墙，以免各段之间温度的干扰。因此，这样的步进式炉沿炉子长度温度调节有更大的灵活性，如果炉子宽度较大，火焰长度又较短时，可以在炉顶上安装平焰烧嘴。

　　如图 2-8 所示是用于板坯加热的上下加热步进式炉。这种炉型主要用于大型热连轧和中厚板坯的加热。

　　还有一种不常见的双步进梁式加热炉，主要用于厚板的热处理。这种炉子设有固定

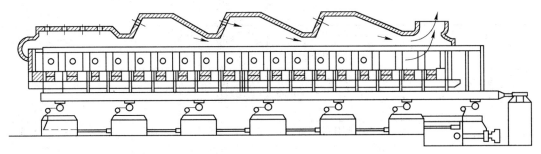

图 2-8 上下加热步进式加热炉

梁，而有两组独立的移动梁，当第一组移动梁上升前进期间，第二组移动梁就开始上升，接过钢坯，使其继续前进。两组梁交替使钢坯前进，好像钢坯在辊底炉上前进一样。这种炉子同样也可以逆向运动。

步进式炉的关键设备是移动梁的传动机构，传动方式分机械传动和油压传动两种。机械传动用于早期的小型加热炉上，梁的升降依靠偏心轮带动曲臂杠杆来完成，梁的水平移动由另一偏心轮带动曲柄拉杆来完成。这种方式现已很少采用，目前广泛采用液压传动的方式。现代大型加热炉的移动梁及上面的钢坯质量达数百吨，甚至有两千吨的，使用油压传动机构运行稳定、结构简单、运行速度的控制比较准确、占地面积小、设备质量轻，比机械传动有明显的优点。

油压传动机构又分为曲臂杠杆型、倾斜滑块型、偏心轮型三种，倾斜滑块型步进式移动梁的传动机构如图 2-9 所示。三种传动机构优缺点的比较如表 2-2 所示。

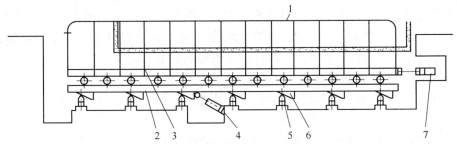

图 2-9 倾斜滑块型步进式炉移动梁的传动机构
1—板坯支撑梁；2—下步进梁框架；3—上步进梁框架；4—上升液压缸；
5—辊子；6—轨条导板；7—水平液压缸

表 2-2 三种油压传动机构的比较

项　目	曲臂杠杆型	倾斜滑块型	偏心轮型
（1）传动系统	简单	较复杂	较复杂
（2）前后移动方法	液压传动	液压传动	液压传动
（3）升降方法	液压传动（使用曲臂杠杆）	液压传动（使用倾斜滑块）	电动机械传动（使用偏心轮）
（4）步进梁框架	简单	比较复杂，有负责升降和进退的两个框架	简单
（5）速度控制	速度控制性好	较好	较差

项　　目	曲臂杠杆型	倾斜滑块型	偏心轮型
(6) 中间减速	在步进梁的升降过程中采用中间减速，可以减少振动和冲击，延长了设备寿命	未采用	难于使用中间减速
(7) 维护	炉下空间比较宽敞，维护方便	下面结构比较复杂，空间比较有限，维护困难	设备尺寸较大，下部空间小，维护比困难
(8) 可靠性	工作可靠容易调整	由于导轮与导轨的磨损，水平调整工作较困难	由于偏心轮的磨损，水平调整工作较困难

　　现在应用较多的是前两种传动机构，但具体结构又有若干差别。以倾斜滑块型为例说明其动作的原理：步进梁（移动梁）由升降用的下步进梁和进退用的上步进梁两部分组成，上步进梁通过辊轮作用在下步进梁上，下步进梁通过倾斜滑块支撑在辊子上，上、下步进梁分别由两个液压油缸驱动，开始时上步进梁固定不动，上升液压缸驱动下步进梁沿滑块斜面抬高，完成上升运动；然后上升液压缸使下步进梁固定不动，水平液压缸牵动上步进梁沿水平方向前进，前进行程完结时，以同样方式完成下降和后退的动作，结束一个运动周期。

　　为了避免升降过程中的振动和冲击，在上升和下降及接受钢料时，步进梁应该中间减速。水平进退时，开始与停止也应该考虑缓冲减速，以保证梁的运动平稳，避免钢料在梁上擦动。办法是用变速油泵改变供油量来调整步进梁的运行速度。

　　由于步进式炉很长，上下两面温度差过大，线膨胀的不同会造成大梁的弯曲和隆起。为了解决这个问题，目前一些炉子将大梁分成若干段，各段间留有一定的膨胀间隙，变形虽不能根本避免，但弯曲的程度大为减轻，不致影响炉子的正常工作。

　　C　步进式加热炉的优缺点

　　(1) 可以加热各种尺寸形状的钢坯，特别适合推钢式炉不便加热的大板坯和异型料坯；

　　(2) 生产能力大，炉底强度可以达到 $800 \sim 1000 kg/(m^2 \cdot h)$，与推钢式炉相比，加热等量的钢坯，炉子长度可以缩短 10% ~ 15%；

　　(3) 炉子长度不受推钢比的限制，不会产生拱钢、黏钢现象；

　　(4) 炉子的灵活性大，在炉长不变的情况下，通过改变钢坯之间的距离，就可以变炉内料块的数目，适应产量变化的需要。而且步进周期也是可调的，如果加大每一周期前进的步距，就意味着钢坯在炉内的时间缩短，从而可以适应不同钢种加热的要求；

　　(5) 单面加热的步进式炉没有水管黑印，不需要均热床。两面加热的情况比较复杂。对黑印的影响要看水管绝热良好与否而定，不同的文献资料上有相反的结论，其原因就在于炉子步进梁的绝热不同；

　　(6) 由于钢坯不在炉底滑道上滑动，钢坯的下面不会有划痕。推钢式炉由于推力震动，使滑道及绝热材料经常损坏，而步进式炉不需要这些维修费用；

　　(7) 轧机故障或停轧时，能将钢料退出炉膛，以免钢坯长期停留炉内造成氧化和脱碳；

（8）可以准确计算和控制加热时间，便于实现过程的自动化。

步进式炉存在的缺点是：与同样生产能力的推钢式炉相比，造价高 15%~20%；步进式炉（两面加热的）炉底支撑水管较多，水耗量和热耗量超过同样生产能力的推钢式炉。经验数据表明，在同样小时产量下，步进式炉的热耗量比推钢式炉高 40kcal/kg 钢。

2.1.3　中厚板加热设备参数及性能

2.1.3.1　上料台及推钢机

上料台及推钢机设备参数及性能如表 2-3 所示。

表 2-3　上料台及推钢机设备参数及性能

设备名称	形　式	项　目	参　数
上料台	液压升降	最大推力	1600kN
		升降行程	1330mm
		升降速度	40mm/s
推料机	液压驱动	推力	196kN
		推料速度	50~100mm/s
		返回速度	250mm/s
		工作行程	4000mm
		推料周期	≤60s

2.1.3.2　加热炉推钢机、出钢机设备参数及性能

加热炉推钢机、出钢机设备参数及性能如表 2-4 所示。

表 2-4　加热炉推钢机、出钢机设备参数及性能

设备名称	形　式	项　目	参　数
推钢机	液压推动	推钢速度	250mm/min
		返回速度	350mm/min
		最大推力	2×246kN
		装料周期	≤40s
		工作行程	5450mm
出钢机		最大行程	4850mm
		水平移动速度	0.6~1.2m/min
		出钢杆在辊道中心线处升降高度	285mm
		出钢机升降时间	6s
		横移机构速比	25
		升降机构速比	76
		偏心轮偏心距	30mm
		工作周期	40s

2.1.3.3　加热炉设备参数及性能

加热炉设备参数及性能如表 2-5 所示。

表 2-5　加热炉设备参数及性能

序　号	项　　目		单　位	参　　数		
1	炉子型式			蓄热式步进梁加热炉		
2	炉子用途			加热板坯		
3	炉子有效尺寸（长×宽）		m	43.253×7.656		
4	加热温度		℃	1100~1250		
5	平移步距		mm	540		
6	活动梁间距		mm	1940		
7	固定梁间距		mm	860		
8	炉底强度		kg/(m²·h)	721.9		
9	热耗	平均	GJ/t	1.27		
10	热量分配	上均热	m³/h	5400		7.1
		一上加	m³/h	9600		12.6
		二上加	m³/h	10800		14.2
		三上加	m³/h	7200		9.4
		上部加热	m³/h	33000	%	43.3
		下均热	m³/h	8400		11.0
		一下加	m³/h	12000		15.7
		二下加	m³/h	13500		17.7
		三下加	m³/h	9300		12.3
		下部加热	m³/h	43200		56.7
11	燃料热值	高炉煤气（最低）	kJ/m³	750×4.18		
12	燃料耗量	煤气	Nm³/h	58740		
13	煤气压力（最低）		kPa	≥6.5（3.5）		
14	空气耗量		Nm³/h	37380		
15	空气预热温度		℃	1000		
16	烟气量		Nm³/h	88940		
17	烟气出炉温度		℃	150		
18	鼓风机型号			9-26No12.5D		
19	空气流量		Nm³/h	46117~58695		
20	净循环水冷却系统（水质）pH 值			6~8		
21	（水质）总硬度		ppm	<150		
22	（水质）悬浮物		mg/L	<20		
23	压力		MPa	≥0.5~0.6		
24	温度		℃	≤33		

序　号	项　目	单　位	参　数
25	正常流量	m³/h	700
26	接点流量	m³/h	850
27	浊循环水系统（水质）pH 值		6~8
28	（水质）总硬度	ppm	<300
29	（水质）悬浮物	mg/L	<30
30	压力	MPa	≥0.2
31	温度	℃	≤35
32	正常流量	m³/h	40
33	接点流量	m³/h	50
34	排烟机型号		空气侧 Y9-38No11.2D 煤气侧 Y8-39No12.5D
35	板坯厚度×板坯宽度×板坯长度	mm	（150、200、250）×（1250~2100） ×（2300~3300）
36	提升用液压缸		$\phi320/\phi220\times1150$
37	平移用液压缸		$\phi250/\phi160\times600$

2.1.3.4　加热区域辊道设备参数及性能

加热区域辊道设备参数及性能如表 2-6 所示。

表 2-6　加热区域辊道设备参数及性能

名　称	辊子数	辊子间距 /mm	辊子尺寸/mm	辊面速度 /m·s⁻¹	电机参数	辊面标高 /mm
上料辊道	70	800	$\phi400/2300$	1.5	AC $N=11$kW， $n=1500$r/min 380v S5 40%工作制	+800
板坯运输 辊道	8	800	$\phi400/2300$	1.5	AC $N=11$kW， $n=1500$r/min 380v S5 40%工作制	+800
炉前运输 辊道	24	800	$\phi400/2300$	0~1.5	AC $N=11$kW， $n=0\sim1500$r/min 380v S5 40%工作制	+800
入炉侧炉 间辊道	28	800	$\phi400/2300$	0~1.5	AC $N=11$kW， $n=0\sim1500$r/min 380v S5 40%工作制	+800
入炉辊道	37	800	$\phi400/2300$	0~1.5	AC $N=11$kW， $n=0\sim1500$r/min 380v S5 40%工作制	+800
出炉辊道	33	800	$\phi400/2300$	1.5	AC $N=11$kW， $n=1500$r/min 380v S5 40%工作制	+800

名　　称	辊子数	辊子间距/mm	辊子尺寸/mm	辊面速度/m·s⁻¹	电机参数	辊面标高/mm
出炉侧炉间辊道	28	800	$\phi400/2300$	1.5	AC $N=11$kW, $n=1500$r/min 380v S5 40%工作制	+800
返回辊道	45	800	$\phi400/2300$	1.5	AC $N=11$kW, $n=1500$r/min 380v S5 40%工作制	+800
除鳞机前辊道	8	800	$\phi400/2300$	0~1.5	AC $N=11$kW, $n=0\sim1500$r/min 380v S5 40%工作制	+800

2.1.4　空气需要量和燃烧产物量的计算

2.1.4.1　固体燃料和液体燃料的空气需要量和燃烧产物量的计算

固体燃料和液体燃料的主要可燃成分是碳和氢，此外还有少量的硫也可以燃烧。在计算空气需要量和燃烧产物量时，是根据各可燃元素燃烧的化学反应式来进行的。例如，碳的完全燃烧反应式是：

$$C\quad+\quad O_2\ ==\ CO_2$$
$$12kg\qquad 32kg\qquad\quad 44kg$$

1 千摩尔分数　1 千摩尔分数　1 千摩尔分数

计算时是按千摩尔分数计，即 1 千摩尔分数碳（12kg）与 1 千摩尔分数氧（32kg）化合，生成 1 千摩尔分数二氧化碳（44kg）。所以在运算中，往往先把质量换算为千摩尔分数再进行计算，即

$$\frac{C^{用}}{12};\ \frac{H^{用}}{2};\ \frac{O^{用}}{32};\ \frac{N^{用}}{28};\ \frac{S^{用}}{32};\ \frac{W^{用}}{18}$$

根据前述方法，可得出 100kg 燃料燃烧时所需的氧千摩尔分数为

$$\frac{C^{用}}{12}+\frac{1}{2}\times\frac{H^{用}}{2}+\frac{S^{用}}{32}-\frac{O^{用}}{32}\qquad（kgmol）$$

100kg 燃料燃烧所需的理论空气量为

$$4.762\left(\frac{C^{用}}{12}+\frac{1}{2}\times\frac{H^{用}}{2}+\frac{S^{用}}{32}-\frac{O^{用}}{32}\right)\qquad（kgmol）$$

将上式以千摩尔分数表示的理论空气量换算成体积，即 1kg 燃料燃烧的理论空气量为

$$L_0=\frac{22.4}{100}\times4.762\left(\frac{C^{用}}{12}+\frac{1}{2}\times\frac{H^{用}}{2}+\frac{S^{用}}{32}-\frac{O^{用}}{32}\right)\qquad（m^3/kg）$$

燃烧产物由燃料燃烧后所生成的气体与空气中的氮两部分组成。所以 100kg 燃料燃烧的理论燃烧量的千摩尔分数为

$$\left(\frac{C^{用}}{12} + \frac{H^{用}}{2} + \frac{S^{用}}{32} + \frac{N^{用}}{28} + \frac{W^{用}}{18}\right) + 3.762\left(\frac{C^{用}}{12} + \frac{H^{用}}{4} + \frac{S^{用}}{32} - \frac{O^{用}}{32}\right) \quad (\text{kgmol})$$

加号之前括号内的数值是燃烧后所生成的气体产物，加号以后的数值为空气中的氮。将上式以千摩尔分数表示的理论燃烧产物量换算成体积，则 1kg 燃料燃烧的理论燃烧产物量为

$$V_0 = \frac{22.4}{100}\left[\left(\frac{C^{用}}{12} + \frac{H^{用}}{2} + \frac{S^{用}}{32} + \frac{N^{用}}{28} + \frac{W^{用}}{18}\right) + 3.762\left(\frac{C^{用}}{12} + \frac{H^{用}}{4} + \frac{S^{用}}{32} - \frac{O^{用}}{32}\right)\right] \quad (\text{m}^3/\text{kg})$$

2.1.4.2 气体燃料的空气需要量和燃烧产物量的计算

因为已假定计算中任何气体每一千摩尔分数的体积为 22.4m³，所以参加燃烧反应的各气体与燃烧生成物之间的千摩尔分数之比，就是其体积之比。例如，$CO + 1/2O_2 \Longrightarrow CO_2$，可以视为 1 千摩尔分数的一氧化碳与 0.5 千摩尔分数的氧化合，生成 1 千摩尔分数的二氧化碳；也可以说成是 1m³ 的一氧化碳与 0.5m³ 的氧化合，生成 1m³ 的二氧化碳。因此，气体燃料的燃烧计算可以直接根据体积比进行计算。

各种可燃气体的燃烧反应式如表 2-7 所示。

表 2-7 可燃气体的燃烧反应式

气 体	分子式	燃烧反应式
氢	H_2	$2H_2 + O_2 \Longrightarrow 2H_2O$
一氧化碳	CO	$2CO + O_2 \Longrightarrow 2CO_2$
甲烷	CH_4	$CH_4 + 2O_2 \Longrightarrow CO_2 + 2H_2O$
乙烷	C_2H_6	$2C_2H_6 + 7O_2 \Longrightarrow 4CO_2 + 6H_2O$
乙烯	C_2H_4	$C_2H_4 + 3O_2 \Longrightarrow 2CO_2 + 2H_2O$
乙炔	C_2H_2	$2C_2H_2 + 5O_2 \Longrightarrow 4CO_2 + 2H_2O$
一般碳氢化合物	C_nH_m	$C_nH_m + \left(n + \dfrac{m}{4}\right)O_2 \Longrightarrow nCO_2 + \dfrac{m}{2}H_2O$
硫化氢	H_2S	$2H_2S + 3O_2 \Longrightarrow 2SO_2 + 2H_2O$

理论空气需要量（m³/m³）

$$L_0^{干} = \frac{4.762}{100}\left[0.5H_2 + 0.5CO + 2CH_4 + (n + 0.25m)C_nH_m + \cdots + 1.5H_2S - O_2\right]$$

理论燃烧产物量（m³/m³）

$$v_0^{干} = \frac{1}{100}\left[H_2 + CO + 3CH_4 + (n + 0.5m)C_nH_m + 2H_2S + CO_2 + N_2 + H_2O\right] + 0.79L_0$$

式中，CO、H_2、CH_4、$\cdots$、H_2O 为 100m³ 煤气中各成分的体积，m³。

如前所述，计算所得都是在没有过剩空气的条件下，即空气消耗系数 $n=1$ 时理论空气需要量和燃烧产物量之值。然而在实际生产中，为了保证完全燃烧，必须供给过量的空气，即 $n>1$。因此，需要根据理论空气需要量，求出实际空气需要量。

实际燃烧产物量 V_n 可以按下式算出：

$$V_n = V_0 + (L_n - L_0) = V_0 + (n - 1)L_0$$

【任务实施】

加热炉仿真操作

A　控制界面介绍

（1）加热炉工艺流程（见图 2-10）。煤气切断与恢复、煤气换向、换向阀设置、各段温度限和阀门上下限设置。

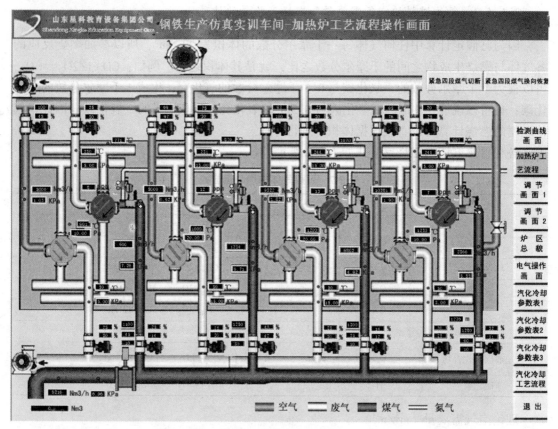

图 2-10　软件主界面

（2）调节画面。煤气温度调节、煤气温度开度调节，空气流量调节，空气流量开度调节，炉膛压力调节、炉膛压力开度调节。

（3）汽化冷却。汽化冷却参数表、电气操作画面、汽化冷却工业流程。

（4）炉区总貌。吊坯操作、装钢操作、出钢操作、辊道操作、炉门操作。

B　加热炉工艺流程

a　紧急四段煤气切断

点击【紧急四段煤气切断】按钮，可以快速切断总阀按钮，操作终止。总阀状态变为红色，且各流量变为 0。

b　紧急四段煤气换向恢复

点击【紧急四段煤气换向恢复】按钮，可以使加热操作继续，总阀状态变为绿色，且各流量恢复。

　　c　换向操作

　　点击各加热段的换向阀 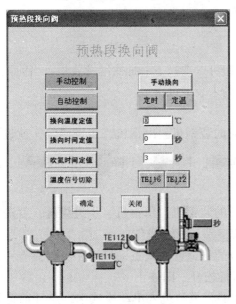，可以弹出相应的换向操作界面，如点预热段中的换向阀，可以弹出如图 2-11 所示的预热段换向阀界面。

　　（1）手动控制。点【手动控制】按钮，可切换到手动控制中，【手动控制】按钮变为绿色，【自动控制】、【定时】、【定温】按钮均变为红色，意味着手动控制中，点【手动换向】按钮，可以手动的将预热段进行换向。

　　（2）自动控制。点【自动控制】按钮，可切换到自动控制中，【手动控制】按钮变为红色，【自动控制】、【定时】按钮均变为绿色，意味着自动控制中，且默认为定时起作用。

　　点【定时】按钮，【定时】变为绿色，而【定温】变为红色，这时，程序将根据设定的时间进行换向，但是温度优先，如图 2-12 所示中，当时间未到 180s，而温度达到设定值时，将会进行换向，当时间达到 180s，而温度未达到设定值，也将会进行换向。

　　点【定温】按钮，【定温】变为绿色，而【定时】变为红色，这时，程序将根据设定的温度进行换向，当温度达到设定值时，才会进行换向，而对于时间将无效。

图 2-11　预热段换向阀

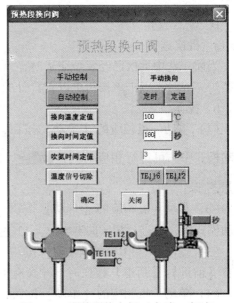

图 2-12　预热段换向阀（自动—定时）

　　d　极限设定

　　点击各加热段的温度上限设置、开度上限设置、开度下限设置，可以弹出如图 2-13 所示的数据输入窗口，从而对每段加热炉的上限温度和上下限开度进行设置。

　　C　相关参数调节

　　a　操作模式

　　点【手动/自动】切换按钮（ ⬛ 🔘 手动、 ⬛ 🔘 自动），可以进行操作模式切换。自动中，开度将会自动计算，手动中，将手动地进行开度调节。

b　显示模式

点【显示模式】切换按钮即  按钮，可以进行显示模式切换。不同的显示模式，将会在如图 中的文本框中显示不同的数值。当 SP 变为绿色 时，将显示设定值，而当 PV 变为绿色 时，将显示实际值。

图 2-13　数值设置输入框

c　开度调节

点 按钮时，开度值将减小 1 个开度，点 按钮不放，开度值将不断减小，当鼠标松开，将不再减小。

点 按钮时，开度值将增大 1 个开度，点 按钮不放，开度值将不断增大，当鼠标松开，将不再增大。

d　数值调节

点 按钮时，数值减小，点 按钮不放，数值将不断减小，当鼠标松开，将不再减小。

点 按钮时，数值增大，点 按钮不放，数值将不断增大，当鼠标松开，将不再增大。

D　炉区操作

a　批次选择

当前一选中批次已经装炉完毕时，点击该按钮可以选择下一批次继续装炉，当前批次未装炉完成时，点击该按钮可以查看分配给自己的未装炉批次。

b　操作模式

（1）手动。点相应的【手动】按钮，则相应的装钢机、出钢机、步进梁等，就进入手动模式中，可进行相应的前进 、后退 、上升 、下降 、等高 等高 、踏步 踏步 操作。

（2）自动。点相应的【自动】按钮，则相应的装钢机、出钢机、步进梁等，就进入自动模式中，可进行相应的 轧侧装钢机 、 铸侧装钢机 、 正循环 、 逆循环 操作。

（3）点动。点相应的【点动】按钮，则相应的辊道就进入点动模式中，则只有一直点着【前进】、【后退】按钮时，才会有动作，鼠标松开，即停止。

（4）单动。点相应的【单动】按钮，则相应的辊道就进入单动模式中，点【前进】、【后退】按钮时，会一直有动作，直到点【停止】按钮时，才会停止操作。

c　装钢机、出钢机、步进梁、辊道操作

（1） ：如果未在前进中，即"前"状态为白色状态时，点相应的 按钮，则相应的装钢机、出钢机、步进梁，就进行前进动作，"前"状态由白色变为绿色，意味前进中，即由 前 变为 ，当前进到一定限位后，前进操作将自动停止，即"前"状态变为白色。如果在前进中，则点相应的 按钮，将会停止前进，"前"状态变为白色。

（2） ：如果未在后退中，即"后"状态为白色状态时，点相应的 按钮，则相应的装钢机、出钢机、步进梁，就进行后退动作，"后"状态由白色变为绿色，意味后退中，即由 后 变为 ■ ，当后退到一定限位后，后进操作将自动停止，即 "后" 状态变为白色。如果在后退中，则点相应的 ⬅ 按钮，将会停止后退，"后" 状态变为白色。

（3）⬆：如果在未上升中，即 "升" 状态为白色状态时，点相应的 ⬆ 按钮，则相应的装钢机、出钢机、步进梁，就进行上升动作，"升" 状态由白色变为绿色，意味上升中，即由 升 变为 ■ ，当上升到一定限位后，升进操作将自动停止，即 "升" 状态变为白色。如果在上升中，则点相应的 ⬆ 按钮，将会停止上升，"升" 状态变为白色。

（4）⬇：如果在未下降中，即 "降" 状态为白色状态时，点相应的 ⬇ 按钮，则相应的装钢机、出钢机、步进梁，就进行下降动作，"降" 状态由白色变为绿色，意味下降中，即由 降 变为 ■ ，当下降到一定限位后，降进操作将自动停止，即 "降" 状态变为白色。如果在下降中，则点相应的 ⬇ 按钮，将会停止下降，"降" 状态变为白色。

（5）正循环。点装钢机中的 轧侧装钢机 或 铸侧装钢机 按钮、点步进梁中 正循环 按钮时，则相应地就进行一次正循环动作，即上升—前进—下降—后退。

（6）逆循环。点出钢机中的 轧侧装钢机 或 铸侧装钢机 按钮、点步进梁中 逆循环 按钮时，则相应地就进行一次逆循环动作，即前进—上升—后退—下降。

（7）等高。点步进梁中的 等高 按钮，相应的步进梁执行等高操作。

（8）踏步。点步进梁中的 踏步 按钮，相应的步进梁执行踏步操作。

（9）前进。点相应的辊道中的【前进】按钮，相应的辊道进行前进操作，相应的画面上前会看到前进指示 ➡ 。

（10）后退。点相应的辊道中的【后退】按钮，相应的辊道进行后退操作，相应的画面上前会看到后退指示 ⬅ 。

（11）停止。点相应的辊道中的【停止】按钮，相应的辊道进行停止操作，相应的画面上前会看到前进与后退指示消失。

d　炉门操作

（1）⬆：点相应的 ⬆ 按钮，则相应的出料炉门，就进行炉门上升动作，"上限位" 与 "下限位" 状态都变为白色 上限位　下限位 ，即上升中，当上升到一定限位后，"上限位" 变为绿色 ■　　下限位 。

（2）⬇：点相应的 ⬇ 按钮，则相应的出料炉门，就进行炉门下降动作，"上限位" 与 "下限位" 状态都变为白色 上限位　下限位 ，即下降中，当下降到一定限位后，"下限位" 变为绿色 上限位　　 。

【任务总结】

掌握加热炉设备操作的实施过程与注意事项，在工作中树立谨慎务实的工作作风，成为一名合格的加热设备操作员。

【任务评价】

项　　目	技术要求	分值	得分
加热炉仿真操作	（1）方法得当； （2）操作规范； （3）正确使用工具与设备； （4）团队合作		
任务实施报告单	（1）书写规范整齐，内容翔实具体； （2）实训结果和数据记录准确、全面，并能正确分析； （3）回答问题正确、完整； （4）团队精神考核		

加热炉仿真操作

开始时间		结束时间		学生签字	
				教师签字	

思考与练习

2-1-1　加热炉共有几个加热段？

2-1-2　炉子有效长度跟实际炉长是一回事吗？

2-1-3　原料加热的目的是什么？

2-1-4　钢在加热时有哪些物理性能变化？

2-1-5　钢在加热时有哪些组织转变？

2-1-6　原料的通常分为几个阶段加热？其目的是什么？

2-1-7　加热炉坯料长度的控制要求是什么？

2-1-8　中厚板生产用加热炉按其构造分为几种？

2-1-9　连续加热炉如何划分？它的特点是什么？

2-1-10　什么是步进式加热炉？它的优点是什么？

2-1-11　什么是推钢式加热炉？它的特点是什么？

2-1-12　什么叫蓄热式加热炉？蓄热式加热有什么意义？

2-1-13　什么是蓄热体？蓄热体有哪几种？

2-1-14　为什么要采用步进式出料机出钢？

任务 2.2　制定加热工艺

能力目标：

　　熟悉加热工艺，会正确制定加热工艺。

知识目标：

　　熟悉加热工艺包含的内容，掌握加热工艺制定依据。

【任务描述】

　　制定合适的加热工艺是形成优良加热产品的先决条件，加热质量的好坏与加热工艺的合理与否有着直接联系。通过本任务学习，掌握加热工艺的制定方法。

【相关资讯】

2.2.1　中厚板加热工艺的特点

由于中厚板的产品种类较多，板坯的规格变化大，所有加热温度的变化范围较广，一般在 950~1250℃左右，这与热连轧的情况不完全一样。由于生产的批量小，炉内板坯的温度变化频繁，这样就造成加热炉的热负荷变化较大，加热温度的控制要求较高。

2.2.2　中厚板加热工艺的内容

钢的加热温度、加热速度、加热时间是加热炉加热工艺的最主要指标，合理的选择钢的加热温度、加热速度、加热时间是保证获得优质加热坯的基础。因此，掌握这三者的选择依据和选择手段是每一个加热炉司炉人员所必备的知识。

2.2.2.1　钢的加热温度

钢的加热温度指钢料在炉内加热完毕出炉时的表面温度。它决定于一系列因素，是根据钢种、热加工工艺制度规定的。例如，轧制前加热的温度一般比锻造的加热温度为高。加热合金钢，特别是高合金钢，选择适当的加热温度比碳素钢显得尤为重要。

通常钢的加热温度越高，塑性越好，变形抗力越低，对热加工有利。因为能量消耗少，轧制速度快，轧机压下量大，这是所希望的。但钢的加热温度受许多因素制约不能过高，应有一个最高的极限温度。

加热碳素钢和合金结构钢（低合金钢），在选择加热温度时，可以借助铁碳平衡图，图上给出了锻造、热处理加热的温度界限，轧制的温度可比锻造稍高。

加热温度的上限为固相线以下 100~150℃。加热温度的下限为 A_{c3} 以上 30~50℃，由于奥氏体组织的钢塑性最好，如果在单相奥氏体区域内加工，这时金属的变形抗力小，而且加工后的残余应力小，不会出现裂纹等缺陷。所以应保证其终轧温度不能低于 A_{c3}，因为低于这个温度奥氏体中要析出铁素体，轧制时会被拉长为纤维状组织，使钢的力学性能和物理性能出现方向性。所以，必须保证此钢种的加热温度为 727℃ +370℃ +（30~50℃）= 1127~1147℃。如图 2-14 所示。

确定轧制的加热温度要依据固相线，因为过烧现象和金属的开始熔化与它有关。钢内如果有偏析、非金属夹杂，都会促使熔点降低。因此，加热的最高温度应比固相线低100~150℃。表 2-8 是碳素钢的最高加热温度和理论过烧温度。优质碳素结构钢，在选择其加热温度时，除参考铁碳平衡图外，还应考虑钢材表面脱碳问题，为了使脱碳层在规定标准以下，应适当降低钢料加热温度。

钢的加热温度不能太低，必须保证钢在压力加工的末期仍能保持一定的温度（即终轧温度）。由于奥氏体组织的钢塑性最好，如果在单相奥氏体区域内加工，这时金属的变形抗力小，而且加工后的残余应力小，不会出现裂纹等缺陷。这个区域对于碳素钢来说，就是在铁碳平衡图的 A_{c3} 以上 30~50℃，固相线以下 100~150℃的地方。根据终轧温度再考虑到钢在出炉和加工过程中的热损失，便可确定钢的最低加热温度。终轧温度对钢的组织和性能影响很大，终轧温度越高，晶粒集聚长大的倾向越大，奥氏体的晶粒越粗大，钢的力学性能越低。所以终轧温度也不能太高，最好在 850℃ 左右，不要超过 900℃，也不要低于 700℃。

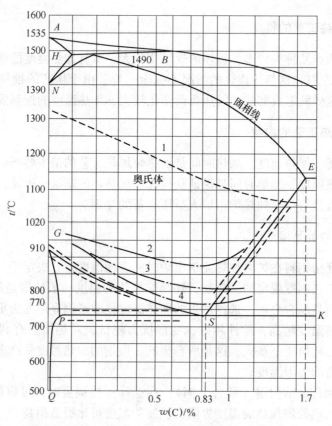

图 2-14　Fe-C 合金状态图

1—锻造的加热温度极限；2—常化的加热温度极限；3—淬火时的温度极限；4—退火时的温度极限

表 2-8　碳钢的最高加热温度和理论过烧温度

含碳量/%	最高加热温度/℃	理论过烧温度/℃
0.1	1350	1490
0.2	1320	1470
0.5	1250	1350
0.7	1180	1280
0.9	1120	1220
1.1	1080	1180
1.5	1050	1140

含碳低于 0.83%（质量分数）的亚共析钢，其终轧温度不能低于 A_{r3}，因为低于这个温度奥氏体中要析出铁素体，轧制时会被拉长为纤维状组织，使钢的力学性能和物理性能出现方向性。含碳高于 0.83% 的过共析钢（如高碳工具钢），其终轧温度不要高于 A_{rcm}，因为在轧后的缓慢冷却过程中，沿奥氏体晶界析出二次渗碳体，二次渗碳体的针状或网状组织塑性很差，降低了钢的力学性能，这种钢材必须进行热处理才能使用。但温度也不能太低，否则钢的塑性太差。同时，如低于 A_{r1} 时，会有较多石墨析出，影响钢的硬度。所

以过共析钢的终轧温度大约在 A_{rcm} 点与 A_{r1} 之间。

合金元素的加入对钢的加热温度也有一定影响，一是合金元素对奥氏体区域的影响，二是生成碳化物的影响。

某些合金元素，如镍、铜、钴、锰，它们具有与奥氏体相同的面心立方晶格，都可无限量溶于奥氏体中，使奥氏体区域扩大，钢的终轧温度可以相应低一些，同时因为提高了固相线，开轧的温度（即最高加热温度）可以适当高一点。另外一些合金元素，如钨、钼、铬、钒、钛、硅等，它们的晶格与铁素体相同，可以无限溶于铁素体中，它们的加入缩小了奥氏体区域。要保证终轧温度还在奥氏体单相区内，就要提高钢的最低加热温度。

另外，一些高熔点合金元素的加入，如钨、钼、铬、钒等与钢中的碳生成碳化物，碳化物的熔点很高，可以适当提高这类钢的加热温度。

低合金钢的加热温度依据含碳量的高低来确定。高合金钢的加热温度不仅要参照相图，还要根据塑性图、变形抗力曲线和金相组织来确定。一些低合金钢与常见高合金钢的加热温度分别见表 2-9、表 2-10。

轧制工艺对加热温度也有一定要求。轧制的道次越多，中间的温度降落越大，加热温度应稍高。当钢的断面尺寸较大时，轧机咬入比较困难，轧制的道次必然多，所以对断面较大或咬入困难的钢坯，加热温度要相应高一些。加工方法不同，加热温度也不一样。迭轧热轧薄板，加热温度不能太高，否则在轧制过程中容易出现黏连，多数薄板虽然是低碳钢，但加热温度一般不能超过 950℃。厚板坯可适当高一点。又如硅钢片板坯，因为要求板坯在加热过程中脱碳，以增加钢的韧性，所以有意识地适当提高其加热温度，可达约 1100℃。无缝管坯在穿孔时，温度会有所升高，所以钢坯加热温度要低一些，否则如已经加热到接近过热的温度，穿孔时就会造成破裂。

表 2-9 低合金钢的加热温度

钢　种	加热温度/℃	钢　种	加热温度/℃
20Mn	1220~1250	20SiMnVB	1190~1220
30Mn	1180~1210	40MnSiNb	1170~1190
20Cr	1220~1250	40Mn2MoV	1160~1190
40Cr	1160~1190	30CrMnSiA	1170~1200
40SiMnCrMoV	1170~1200	12CrMo	1200~1240
35CrMn	1180~1210	12CrMoV	1200~1230

表 2-10 高合金钢的加热温度

钢　种	加热温度/℃	钢　种	加热温度/℃
T7-T10, T8Mn	1130~1180	2~4Cr13, 4Cr10Si2Mo	1180~1220
T11-T13	1130~1170	D31, D41	1000~1050
60Si2Mn	1170~1190	70Si3Mn	1130~1180
GCr15, GCr15Mn	1180~1220	7~8Cr2, 4~6CrW2Si	1130~1180
0Cr13, 0~2Cr18Ni9		W9Cr4V	
0~2Cr18Ni9Ti	1180~1220	W12Cr4V4Mo	1130~1180
4Cr9Si2, Cr11MoV			
Cr5Mo, 1Cr13	1180~1220		

一些炉子出钢温度偏高，对轧制质量不利又浪费热能，应使出钢速度与轧制速度密切配合。国外一种意见主张低温轧制，认为由于钢的轧制温度偏低，而多消耗的电能，在经济上比提高加热温度所消耗的热能更合算。

总之，影响加热温度的因素比较多，有时各种因素甚至是互相矛盾互相制约的。因此，针对某一具体钢种确定其加热温度时，需要作具体分析。

2.2.2.2　钢的加热速度

钢的加热速度是指在单位时间内，钢的表面温度升高的度数，单位为℃/h 或℃/min。有时也用单位时间内加热钢坯的厚度，mm/min；或单位厚度的钢坯加热所需要的时间，min/mm，来表示加热速度。

从生产率的角度，希望加热速度越快越好，而且加热的时间短，金属的氧化烧损也少。但是提高加热速度受到一些因素的限制，除了炉子供热条件的限制外，特别要考虑钢材内外允许温度差的问题。

钢在加热过程中，由于金属本身的热阻，不可避免地存在内外的温度差，表面温度总比中心温度升高得快，这时表面的膨胀要大于中心的膨胀。这样表面受压力而中心受张力，于是在钢的内部产生了温度应力，或称热应力。热应力的大小取决于温度梯度的大小，如果速度越快，内外温差越大，温度梯度越大，热应力就越大。如果这种应力超过了钢的破裂强度极限，钢的内部就要产生裂纹，所以加热速度要限制在应力所允许的范围之内，要受最大允许温差的约束。

但是，钢中的应力只是在一定温度范围内才是危险的。多数钢在 500~550℃ 以下处于弹性状态，塑性比较低。这时如果加热速度太快，温度应力超过了钢的强度极限，就会出现裂纹。温度超过了这个温度范围，钢就进入了塑性状态，对低碳钢可能更低的温度就进入塑性范围。这时即使产生较大的温度差，将由于塑性变形而使应力消失，不致造成裂纹或折断。因此，温度应力对加热速度的限制，主要是在低温（500℃ 以下）时，超过了这一温度，温度应力不会再产生破坏作用。

除了加热时内外温度差所造成的热应力之外，浇铸的钢料在冷凝过程中，由于表面冷却得快，中心冷却得慢，也要产生应力，称为残余应力。其次，金属的相变常常伴有体积的变化，如钢在淬火时，奥氏体转变为马氏体，体积膨胀，也会造成不同部位间的内应力，称为组织应力。这些内应力如果很大，也会使金属产生裂纹或断裂。实践表明，单纯的温度应力，往往还不致引起金属的破坏。大部分破坏是由于钢料在冷凝过程中产生了残余应力，而后加热时又产生了温度应力。这种温度应力的方向与残余应力的方向一致，增大了钢料的内应力，增加了应力的危险性。所以，不能笼统地认为轧制时出现的裂纹缺陷，都是由于加热过程中温度应力所造成的。对大多数钢种来说，打破了过去单纯依照弹性变形理论来计算允许温度应力的约束，一些低碳钢的大钢料也可以快速加热，只有某些高合金钢由于脆性的影响，需要通过试验确定适当的加热速度。因为这些钢种的导热性比较差，而导热系数是随碳与合金元素的增加而下降，同时这类钢在低温的塑性都比较差，因而把冷的合金钢料直接装入温度很高的均热炉膛，进行快速加热时，更可能产生危险的后果。

其次，钢料断面的大小也是应考虑的因素，钢料断面大的往往残余应力也大。因此，进入均热炉加热的大断面钢料最好是实行热装，这样不仅可以节约燃料，而且内部不存在残余应力，可以快速加热。

2.2.2.3　钢的加热制度

正确选择钢的加热工艺，不仅要考虑钢的加热温度，是否达到了出炉的要求，还应考虑钢料断面的温度差，即温度的均匀性。

钢的加热制度和钢种、尺寸大小、温度状态以及炉子的结构和钢料在炉内的布置等因素有关。

钢在压力加工前和热处理时的加热制度，按炉内温度的变化，可以分为一段式加热制度、二段式加热制度、三段式加热制度和多段式加热制度。

（1）一段式加热制度。一段式加热制度（也称一期加热制度）是把钢料放在炉温基本上不变的炉内加热。在整个加热过程中，炉温大体保持一定，而钢的表面和中心温度逐渐上升，达到所要求的温度。加热不分阶段，故称为一段式（或一期）加热制度。

这种加热制度的特点是炉温的钢料表面的温差大，所以加热速度快，加热的时间短。这种温度制度下，不必分钢的应力阶段，没有预热期，也不需要进行均热的时间。由于整个加热过程炉温保持一定，炉子的结构和操作也比较简单。缺点是废气温度比较高，热的利用率较差。

这种加热制度适用于一些断面尺寸不大，导热性好，塑性好的钢料，如钢板、薄板坯、薄壁钢管的加热。或者是热装的钢料，可以直接放入高温的炉膛内加热，不致产生危险的温度应力。

一段式加热制度的加热时间计算，可以采用不稳定态导热第三类边界条件的解法。

（2）二段式加热制度。二段式加热制度（也称二期加热制度）是使钢料先后在两个不同的温度区域内加热，有时是由加热期和均热期组成，有时是由预热期和加热期组成。

由加热期和均热期组成的二段式加热制度，是把钢锭直接装入高温炉膛进行加热，加热速度快。这时钢锭表面温度上升快，而中心温度上升得慢，金属断面上的温差大。为了使断面温度趋于均匀，需要经过均热期。在均热阶段，金属表面温度基本保持一定，而中心温度不断上升，使表面与中心的温度差逐渐缩小而趋于均匀。这种温度制度的特点是加热速度快，最后断面上温度差小，但出炉废气温度高，热的利用率低。通常冷装或低温热装的低碳钢钢料及热装的合金钢料，在均热炉或室状炉内加热，可以采用这种加热制度。此外，这种加热制度也适用于对管束、板迭或成批小件的加热。

由预热期和加热期所组成的二段式加热制度，特点是出炉废气温度低，金属的加热速度较慢。因为中心与表面的温差小，一些导热性差的钢适于先在预热段加热，温度应力小，待温度升高进入钢的塑性状态后，再到高温区域进行快速加热。这种加热制度由于没有均热期，最终不能保证断面上温度的均匀性，所以不宜用于加热断面大的钢坯。

二段式加热所需的总时间，可按加热期和均热期分别计算。加热期通常采用不稳定态导热第三类边界条件的解，均热期可阻采用第一类边界条件的第二种情况下的解，即开始时钢锭内部温度分布呈抛物线，在均热时表面温度不变。

（3）三段式加热制度。三段式加热制度（也称三期加热制度）是把钢料放在三个温度条件不同的区段（或时期）内加热，依次是预热期、加热期，均热期（或称应力期、快速加热期，均热期）。

这种加热制度是比较完善的加热制度，它综合了以上两种加热制度的优点。钢料首先在低温区域进行预热，这时加热速度比较慢，温度应力小，不会造成危险。等到金属中心温度超过500℃以后，进入塑性范围，这时就可以快速加热，直到表面温度迅速升高到出炉所要求的温度。加热期结束时，金属断面上还有较大的温度差，需要进入均热期进行均热。此时钢的表面温度基本不再升高，而使中心温度逐渐上升，缩小断面上的温度差。

三段式加热制度既考虑了加热初期温度应力的危险，又考虑了中期快速加热和最后温度的均匀性，兼顾了产量和质量两方面。在连续加热炉上采用这种加热制度时，由于有预热段，出炉废气温度较低，热能的利用较好，单位燃料消耗低。加热段可以强化供热，快速加热减少了氧化与脱碳，并保证炉子有较高的生产率。所以对于许多钢料的加热来说，这种加热制度是比较完善与合理的。

这种加热制度可用于加热各种尺寸冷装的碳素钢坯及合金钢坯，特别是高碳钢、高合金钢，在加热初期必须缓慢进行预热。

三段式加热制度的加热时间，要按各期分别进行计算。

以上所说的加热制度，无论一段、二段或三段式都是指温度与热流随时间的变化而言。但在连续式加热炉中，随时间变化的"段"的概念恰好与连续式加热炉沿炉长分段的概念相吻合，两者有区别也有联系。为了区分这两个不同的概念，一些文献资料上对加热制度不称段，而称"期"，但习惯上连续式加热方式仍多沿用某段式加热制度的叫法。实际上，均热炉、锻造室状炉在炉长上没有段的划分，但加热制度仍可以采用两段或三段式。一些现代化的大型连续式加热炉，从炉型结构上尽可以分成许多段，如预热段、第一上加热段、第二上加热段等，往往只是增加了加热段供热的地点，但从加热制度的观点上说，仍属于三段式加热制度。

（4）多段式加热制度。多段式加热制度用在某些钢料的热处理工艺中，包括几个加热、均热（保温）、冷却期所组成。热处理过程中经常为了相变的需要，必须改变加热速度，或在过程中增加均热保温的时间。

炉型结构和燃料分配要保证温度制度的实现。例如，现代大型连续加热炉，生产能力很大，一个加热段已不能满足加热制度的需要，因此炉型上发展为多点供热，这样就使加热段延长，供热强度增加，供热更加均匀。又如均热段供热，以前只是端部烧嘴供热，现在大型加热炉为了使均热段温度更加均匀，发展了炉顶平焰烧嘴。

2.2.2.4　钢的加热时间

钢的加热时间是指钢锭或钢坯自装炉到出炉在炉内加热到轧制要求的温度时所必需的最少时间。通常，总的加热时间为预热时间、加热时间、均热时间的总和，即

$$T_总 = T_预 + T_加 + T_均$$

影响加热时间的因素很多，要精确地确定钢的加热时间是比较困难的。一般而言，钢料的断面尺寸越小、导热性越好、在炉内加热时的受热面越多、允许的加热速度越高、要求的加热温度越低则加热时间越短；反之亦然。同时钢料的装炉温度越高，加热时间也越短；对料坯采取热装，不仅可以缩短加热时间，减少氧化烧损，提高炉子产量，还能大幅度降低燃料消耗量，降低加热成本，因此在具备热装条件的情况下应尽量进行热装。

另外，炉子的结构及其温度水平对加热时间也有较大的影响。不同的炉型结构，钢料在炉内的放置方式不一样，运动方式不一样，钢料的受热面也就不一样。对于均热炉而言，钢料一般要求竖直放在炉底上，钢料与钢料之间保持一定的间距，因此接近于四面受热；但不同的均热炉炉型，炉温水平不同，特别是炉内温度分布的均匀性不同，导致加热时间差异，显然炉温越高，温度分布越均匀，加热时间越短。对于连续加热炉而言，这一影响就更大。如固定炉底的斜底炉，钢料只能单面受热；架空炉底的推钢式炉，钢料也只能双面受热。而机械化炉底加热炉，如步进炉、环形炉、辊底炉等，可灵活调整料坯间距，依此实现一面、双面、三面及四面加热，显然钢料的受热面越多，加热时间就越短。

要精确地确定钢的加热时间比较困难，生产实际中往往用经验公式进行计算。在连续加热炉内，计算加热时间的经验公式如下：

$$T = KD$$

式中　T——加热时间，h；

　　　D——钢坯（料）的厚度，cm；

　　　K——系数，依钢种而定。

　　　低碳钢：　　　　　　　　$K = 0.01 \sim 0.15$

　　　中碳钢及合金钢：　　　　$K = 0.15 \sim 0.20$

　　　高碳钢：　　　　　　　　$K = 0.20 \sim 0.30$

　　　高级工具钢：　　　　　　$K = 0.30 \sim 0.415$

除了上述经验公式外，还有其他一些经验公式适用于不同炉型和钢种的加热时间计算，在此就不一一赘述了。

含碳量为 0.77%、厚度为 150mm 的普碳钢，在轧钢过程中温度下降 370℃，采用三段式加热炉上、下加热。

根据资讯中所给出的经验式：$T = KD$，可得：

此钢坯的加热时间为：$T = (0.20 \sim 0.30) \times 15/2 = 1.5 \sim 2.25\text{h}$

钢料的实际加热时间，有时与钢加热所需要的加热时间不相符合。如炉子的生产率小于轧机的产量时，常常为了赶上轧机的产量而提前出钢，导致加热或均热不足，有时甚至拼命提高炉温而将钢表面烧化，而钢料中间温度尚很低，造成加热温度不均。另一种情况则是炉子的生产率大于轧机的产量，钢在炉内的停留时间大于所需的加热时间，造成较大的氧化烧损，这些情况均不符合加热要求。如遇到上述情况，应及时对炉子结构及操作方式进行合理的改造或调整，使炉子的生产率与轧机的产量相适应。

2.2.2.5　某企业加热制度规定

某企业中厚板配备三台加热炉，均为蓄热式步进梁加热炉，其加热制度分为四段：三加、二加、一加、均热。加热制度如表 2-11 所示。

表 2-11　某企业中厚板加热制度　　　　　　　　　　（℃）

炉子各段温度				出钢温度
三加	二加	一加	均热	
780~950	1000~1120	1150~1260	1150~1250	1070~1140

A　炉温制度

某企业炉温制度如表 2-12 所示。

表 2-12　炉温制度　　　　　　　　　　（℃）

均　热	一加	二加	三加
1150~1250	1170~1260	1000~1120	780~920

热送坯料炉温制度按表 2-13 执行。

表 2-13　热送坯料炉温制度　　　　　　（℃）

均　热	一加	二加	三加
1150~1250	1170~1250	1000~1100	780~920

注：当轧制厚度为 8~10mm 时，均热段可以上浮 50℃。

B　出钢温度

某企业出钢温度如表 2-14 所示。

表 2-14　出钢温度

轧制厚度/mm	8~9	10~12	>12
出钢温度/℃	1190~1230	1140~1180	1080~1140

C　加热时间

某企业加热时间如表 2-15 所示。

表 2-15　加热时间

坯料规格/mm	180、200	250
热坯/h	2~4.5	2.5~4.5
冷坯/h	2.5~4.5	3~4.5

【任务实施】

加热工艺制度实施

（1）在正常生产状态下，加热炉各段烧嘴冷端温度最佳控制在 130~140℃ 之间，要求控制范围为 110~170℃。如冷端温度低于 100℃ 或高于 190℃。

（2）在正常生产状态下，空燃比控制在 0.6~0.85 之间，如遇停车则允许适当减小空燃比以防止过度氧化。如正常生产状态下，空燃比小于 0.6 或高于 0.85。

（3）两侧烧嘴换向时，同一加热段用气量差值控制在 1000m³/h 以内。如该流量差大于 1000m³/h。

（4）单台加热炉瞬时流量最高不得超过 4.5 万立方米/小时，第三加热段瞬时流量最高不得超过 8000m³/h，第二加热段瞬时流量最高不得超过 2 万立方米/小时，第一加热段瞬时流量最高不得超过 1.8 万立方米/小时，均热段瞬时流量最高不得超过 8000m³/h。在正常生产时，各加热段流量均不允许清零，要求保证各加热段流量合理分配。

（5）钢坯出钢温度按照内控规定中下限控制，不得超出内控范围。以二级计算机记录的除鳞机后温度为准，当加热炉连续两排料的出钢温度超出内控范围。

【任务总结】

掌握加热炉工艺制度作实施过程的注意事项，在工作中树立谨慎务实的工作作风，成为一名合格的加热工艺制定员。

【任务评价】

加热工艺制度实施						
开始时间		结束时间		学生签字		
				教师签字		
项　目		技术要求			分值	得分
加热工艺制度实施		（1）方法得当； （2）操作规范； （3）正确使用工具与设备； （4）团队合作				
任务实施报告单		（1）书写规范整齐，内容翔实具体； （2）实训结果和数据记录准确、全面，并能正确分析； （3）回答问题正确、完整； （4）团队精神考核				

 思考与练习

2-2-1 加热制度有哪些内容？

2-2-2 炉温过高会造成什么问题？

2-2-3 如何考虑钢的加热温度范围？

2-2-4 如何考虑钢的加热速度？

2-2-5 如何确定钢的加热时间？

2-2-6 什么是加热炉的温度制度？

任务 2.3 司炉操作

能力目标：

熟悉加热设备的点火和看火操作，会正确司炉。

知识目标：

熟悉加热炉构造，掌握加热设备各部件名称。

【任务描述】

加热炉司炉过程是决定钢坯加热质量好坏的关键因素之一。充分掌握司炉要点和理解司炉过程可能产生的问题是获得优质产品的保证。通过本任务学习，掌握加热炉的司炉要点和操作程序。

【相关资讯】

2.3.1　推钢式加热炉装炉操作要点

2.3.1.1　装炉操作的标准化

A　装炉前的准备工作

（1）装炉工在上岗作业前，除认真进行接班、检查设备状况外，还要利用换辊短暂的时间为当班作业做好充分准备，如准备装炉工具钢绳、小吊钩、撬棍，准备隔号砖，检查疏通辊道下铁皮槽等；

（2）吊具如不合格，应立即更换。对新领的吊具，特别是小钩，也应按规定逐一仔细检查，不合格的不能使用；

（3）根据当班生产需要量，将废耐火砖加工成隔号砖，并放置在取用方便不影响行走的部位；

（4）在疏通地沟时，切不可跨越辊道，更不允许站在辊面上作业，而应站在辊道齿轮减速箱或地板盖上；

（5）准备好处理翻炉及跑偏用的工具；

（6）熟悉生产作业计划，掌握马上要进行装炉的钢坯钢种、炉批号、单重规格及其现在摆放的位置，做到心中有数。

B　装炉操作要点

（1）钢坯装炉必须严格执行按炉送钢制度。

（2）装炉应先装定尺料，后装配尺料；配尺料的装炉顺序是单重小的先装、单重大的后装。

（3）挂吊时要挑出那些有严重变形，或者超长、过短、过薄等不符合技术标准的钢坯，有严重表面缺陷的钢坯也不得装入炉内，并及时与当班班长和检查员联系，妥善处理。

（4）装入炉内的钢坯，表面铁皮要扫净。

（5）装入炉内的钢坯必须装正，以不掉道、不刮墙、不碰头、不拱钢为原则，发现跑偏现象，要及时加垫铁进行调整，避免发生事故。

（6）吊挂钢坯时，操作者身体应避开吊钩正面，手握小钩的两"腿"中部，两小钩应按钢坯中心对称平挂，然后指挥吊车提升。当小钩钩齿与钢坯刚接触时立即松手后撤；如小钩未挂好，可指挥吊车重复上述操作，直至挂好挂稳为止。

（7）吊挂回炉炽热钢坯时，应首先指挥操纵辊道者将回炉钢坯停在吊车司机视野开阔、挂钩操作条件好的位置上，再指挥吊车将吊钩停在钢坯几何中心点上方，装炉工在辊道两侧站稳。

（8）要经常观察炉内钢坯运行情况，发现异常，应及时调整解决。

2.3.1.2　推钢操作

A　作业前的准备

推钢工在上岗前应按要求进行对口交接班，重点了解炉内滑道情况以及炉内钢坯规格、数量、分布情况，核对交班料与平衡卡及记号板上的记录是否一致，有无混号迹象，检查推钢机、出炉辊道、炉门及控制器、电锁、信号灯等是否灵活可靠。

B　推钢操作

接到出钢工出钢的信号，推钢工应立即开动推钢机推动钢坯缓缓向前（炉头方向）运行，动作要准确、迅速，待要钢信号消失后，迅速将控制器拉杆拉至零位。若是步进式加热炉，则由液压站操作台控制步进梁的正循环、逆循环、踏步等。

2.3.1.3　装炉推钢操作事故的判断与预防处理

A　钢坯跑偏的预防与处理

炉内钢坯跑偏是造成炉内钢坯碰头、刮墙及掉钢的主要原因，必须注意预防和及时纠正，以减少装炉操作事故的发生。

导致钢坯跑偏的主要原因：钢坯有不明显的大小头，装炉时没注意和妥善处理；钢坯扭曲变形或炉内辊道及实炉底不平、结瘤，造成推钢机在钢坯两侧用力不均；装钢时操作不当，致使两钢坯之间一头紧靠、一头有缝隙，推钢时由于受力不均而跑偏。

要预防跑偏事故，装炉工首先必须做到经常观察炉内情况，检查坯料运行状态是否符合要求，发现异常现象应立即查明原因，进行调整或处理。

B　钢坯碰头及刮墙的预防与处理

钢坯碰头、刮墙的主要原因：钢坯在炉内运行时跑偏；个别坯料超长；装炉时将钢坯装偏等。钢坯卡墙如不及时发现和处理，可能把炉墙刮坏或推倒，造成停产的大事故。

对于钢坯刮墙及碰头事故，要坚持预防为主的原则，关键在于：一要预防钢坯跑偏；二要把住坯料验收关，不合技术规定的超长钢坯严禁入炉；三要严格执行作业规程，保证坯料装正。

对于已发生的轻微刮墙及碰头事故，要及时纠偏。对于严重的碰头，可用两推钢机一起推钢，将其推出炉外。对发现较晚又有可能刮坏炉墙的严重刮墙现象，应该停炉处理。

C　掉钢事故的预防与处理

掉钢事故是指钢坯从纵向水管滑道上脱落，掉入下部炉膛或烟道内的事故。造成这类事故的主要原因是钢坯跑偏，一般多见于短尺钢坯。

D　拱钢、卡钢事故的预防与处理

拱钢是常见的操作事故，多发生在炉子装料口，有时也在炉内发生。出现拱钢事故将造成装炉作业中断，处理不好还可能卡钢，甚至造成拱塌炉顶、拉断水管等恶性事故，应尽力避免。造成拱钢事故的原因有以下几种：

（1）钢坯侧面不平直、是凸面，或带有耳子，或侧面有扭曲或弯曲；断面为梯形，圆角过大。这种钢坯装炉后，钢坯间呈点线接触，推料时产生滚动，使钢坯拱起。

（2）炉子过长，坯料过薄，推钢比过大；或大断面的钢坯在前，后边紧接小断面钢坯，大小相差太悬殊。

（3）炉底不平滑，纵水管与固定炉底接口不平，或均热段实炉底积渣过厚。

对拱钢事故的预防：一是要做好检修维护工作；二是要保证装炉钢坯规格正确；三是装炉工要调整弯曲坯料的装入方向，挑出弯度和脱方超过规定的钢坯，找出可能引起拱钢的坯料，在两钢坯相靠但接触不到的位置上加垫铁调整，保证钢坯之间接触良好，受力均匀。

炉外拱钢事故的处理：找出引起拱钢的坯料，倒开推杆，用撬棍将拱起的钢坯落下，然后加垫铁调整，或调整相互位置及摆放方向。

炉内拱钢事故的处理：如果事故发生在进炉不远处，可从侧炉门处设法将其扳倒叠落在别的钢坯上面，然后用推钢机杆拖曳专用工具，将钢坯拽出重新装炉；如果事故发生在深部，则应设法将其扳倒平行叠落在其他钢坯上面，一起推出炉外。

（4）混号事故的预防。将不同熔炼号的钢混杂在一起，应视为加热炉操作的重大事故。造成混号事故的唯一原因是装炉时未能很好的确认。为了杜绝此类事故，必须在装炉前和出炉时，进行认真细致的检查，严格遵守按炉送钢制度。

2.3.1.4　装炉安全事故的预防

A　飞钩、散吊等物体打击事故的预防

装炉小钩飞钩伤人，是装炉操作中最大的安全事故。

主要原因：小钩折断，钩齿或钩体飞出；小钩钩齿变形或防滑纹严重磨损，在吊挂钢环滑脱的同时，小钩带钢绳一起飞出；吊钩未挂好，钩齿与钢坯接触部位过少；吊车运行不稳，造成钢坯大幅度摆动或振动。

预防措施：从设备方面讲，应保证小钩的材质和加工工艺合理，而预防是否有效，最主要的还在于装炉工本身的操作和平时的安全基础工作；交接班做好安全检查是避免飞钩的第一道保障，一定要认真仔细地进行，不能敷衍了事，发现小钩不合格应立即更换，切不可对付使用，以致酿成大祸；装炉挂吊时一定要把小钩紧贴在钢坯端头上，两钩对称挂吊；装炉工不论在挂钩或摘钩时，都不应将身体正对钩身，起吊后应立即闪开；吊车吊料运行时，装炉工应避开吊车运行路线，以防伤人；在挂吊及处理操作事故时，必须坚决杜绝多人指挥吊车现象，防止因号令不一，乱中生祸。

B　烧烫伤事故的预防

防止烧伤的主要办法：勤装钢，不要等推钢机推至最大行程已靠近进炉料门时再装炉；装炉时必须穿戴好劳动用品，尤其要戴好手套和安全帽，当离炉尾较近时，应将头压低，手臂伸前进行工作，以免烧伤面部、燎掉眉毛、睫毛；进料炉门应尽可能放的低些。

C　挤压伤害事故的预防

挤压伤害常常发生在挂吊、加垫铁等作业中，主要是马虎大意所致，稍加注意就可避免。为此，在挂钩作业时，切记两手握钩的位置不可过低或过高（过低易被钢坯挤伤，过高易被钢绳勒着）；在钢坯加垫铁调整时，握垫铁的手不得伸入钢坯之间的缝隙内。

2.3.1.5　出钢操作

A　出钢前的准备

出钢工在上岗作业前，除认真进行交接班、检查设备状况、了解一般生产情况外，还要侧重了解炉内钢种、规格及其分布和钢温等情况，熟悉当班作业计划，掌握加热炉的状况，准备好撬棍等工具。

B　出钢操作要点

a　出钢操作

（1）出钢要贯彻按炉送钢制度，本着均匀出钢的原则，各炉各排料交替出钢。

（2）当轧机正常出钢信号灯亮时，应及时出钢。

（3）用托出机出钢时，当炉头钢坯到达出钢位置及推钢机的允许出钢信号灯亮，才能操作主令控制器，提升炉门。当炉门下底面超过炉内钢坯下表面时，启动托出机托杆，水平进入炉内，当托头超过炉头钢坯 2/3 后，方可抬起托杆。平衡托起钢坯后，后退将钢坯平稳放置出钢辊道中间位置，托杆降至最低位，然后启动辊道送走钢坯。最后降下炉门，各主令控制器打回零位停止出钢。

（4）做好坯料出炉记录，出炉记录应与实际情况及装钢记录相符，如有不符应立即检查，未弄清前不得出钢。当一个批号出完后，应通知轧机操作室下批钢种、规格等信息。

（5）当推钢机、托出机或出钢机、出钢辊道、炉门、端墙、水梁等出现故障后，应首先将主令控制器打回零位，关闭电锁，通知有关人员处理。

（6）若为板坯出炉后，开动相应的辊道将钢坯送去除鳞，同时准确无误地填写好出炉记录。若为板坯加热炉，出炉板坯因故未轧，符合逆装条件时，允许趁热逆装回炉。回炉坯料及时装炉，如未能装炉，应用高温蜡笔写上炉罐号、钢种、规格、块数，重新组批装炉。逆装条件：炉内有空位，足以放下钢坯；钢坯未经轧制，或即使轧过但尺寸合格；钢坯温降不是太大，在事故处理好时能保证钢温。

b　辊道操作

运转辊道是通过操纵控制器来实现的，一般向前推控制把手为正转，向后拉为反转，中间为停止。在运送钢坯时，出钢工可根据需要开动一组或几组辊道使之向要求方向转动。

为了节约电能，出炉辊道应在钢坯即将下落时开动，钢坯离开辊道后立刻停止，整个输送钢坯的作业要像接力赛一样，一个接一个地启动和停止，不允许空转。

在操作中，由正转变为反转时，要有停转的过渡期，不允许立即由正转变为反转，以防辊道电机负荷过大而烧毁或损坏机械。

在钢坯输送过程中，如发现隔号砖还留在钢坯上面，要在运行中把砖头打掉。

c　其他操作

换炉出钢和待轧保温时，出钢工应及时关闭加热炉出料炉门，以减少炉子辐射热损失，防止炉头钢坯温度下降。出钢前则应切记打开出料炉门，否则钢坯卡在坡道里难以处理。

由于轧机事故出现回炉品时，出钢工要将回炉钢坯运送至吊车司机能够看见、视野较宽阔的位置，以便挂吊。

在辊道上有人撬钢或吊挂回炉品时，出钢工一定要注意瞭望，听从上述作业人员的指挥，做好配合，停止一切设备转动。

2.3.1.6　推钢式加热炉出钢异常情况的判断与处理

A　炉内拱钢、掉钢、粘钢、碰头的判断

如果从炉尾看，两排料前沿距出料端墙有十分明显的差异，则应到炉头进一步观察，即打开第一个侧炉门观察第一块钢坯的位置，如果第一块钢坯前沿距滑道梁下滑点尚有半块坯料宽度以上的长度时，可以断定发生了掉钢事故。一般掉钢时，炉尾会感觉到有烟尘，并听到声音。如果第一块钢坯呈悬臂支出状，第一、二两块钢坯接触面在滑道梁下滑点以外，则说明出现了粘钢事故，这时一般炉温、钢温较高，炉墙及钢坯呈亮白色。如两块钢坯碰头，也可能发生横向粘接，这时从炉尾看两块钢坯呈斜线悬臂支出状。对粘钢事故的处理，最好是靠钢坯自重来破坏两钢坯间的接合，即在有人指挥的情况下继续推钢，但要推钢时不允许顶炉端墙；如果钢坯不能断开滑下的话，就需要加外力破坏其黏结力，可用吊车挂一杆状重物自侧炉门伸入炉内，压迫钢坯，使之出炉。

B　卡钢的判断

跑偏、碰头、粘钢、拱钢均可造成卡钢。卡钢又分为坡道卡钢、滑道卡钢和炉墙卡钢。坡道卡钢可能是由于坡道烧损、钢坯变形或跑偏造成；滑道卡钢是由于拱钢发现不及时造成；炉墙卡钢则可能是由于刮墙、粘钢或拱钢后钢坯叠落太多造成。坡道卡钢如未及时发现和处理，也可能导致炉墙卡钢。

C　出钢与要求不符

由于钢坯碰头或粘钢有时会两条道同时出钢，这时出钢工亦应给推钢工一个信号，即两信号同时闪动一次，表示两条道各出一块钢，对出炉的钢坯处理原则同前。

2.3.1.7　托出机出钢事故的处理

A　粘钢

处理步骤：当发生粘钢事故时，要特别注意监视电视画面，当出钢机托起板坯时，后一块板坯是否已脱离；发现托起第一块时，第二块板坯也跟着一起动作时，应立即停止抽出过程，手动将抽出机下降；手动反复托起板坯又放下，将第二块板坯脱离；也可以用抽出机杆撞击第一块板坯，使之与第二块板坯脱离；当已发现有板坯粘接时，对以后抽出的板坯都要严密监视，防止事故扩大；调整炉温，防止继续化钢。

B　板坯从抽出口掉下

事故原因：板坯粘连，板坯抽出一部分时，从出杆上滑下，因自重而掉下；出钢机抽出距离不对，板坯掉下；板坯抽出时歪斜掉下等。

处理方法：当板坯掉下后，应立即将该炉均热段熄火，用冷却水冷却高温板坯，将抽出炉门尽量放低，用钢丝绳将板坯吊走回炉。

C　板坯在炉内弯曲过大

事故原因：炉温过高，并且在炉时间长，板坯表面化钢严重，板坯变软弯曲严重；板坯定位失误，悬臂量过大，造成悬臂下弯；轧过一道次后的短坯逆装入，由于板坯厚度减小，且定位不准，悬臂过大，造成弯曲过大。

处理方法：抽出机手动抽出，在板坯经过端墙时特别注意板坯下弯部分能否通过；如果由于下弯严重，端墙挡住板坯下弯部分时，用垫铁在出钢机臂上增加高度将板坯抽出；

此时要适当降低炉温，防止板坯进一步下弯；当加垫铁也不能将板坯抽出时，只有停炉熄火，人进入炉内，将板坯弯曲端头割掉，冷坯抽出炉。

D　抽出炉门与抽出机出现其他异常

当抽出炉门与抽出机出现其他异常时，应按下抽出机事故停车按钮，进行检查处理，若是电气或机械等故障，通知有关人员及时处理，待事故排除后，将抽出机用手动操作退回到后退极限位置，并按下事故停车复位按钮。

2.3.2　加热缺陷

2.3.2.1　钢的氧化

钢在高温炉内加热时，由于炉气中含有大量 O_2、CO_2、H_2O，钢的表面层要发生氧化。而且从来料到成品材往往加工多次，每加热一次，大约有 0.5%~3% 的钢由于氧化而烧损。所以整个热加工过程中，烧损量高达 4%~5%。因此现在大多数企业都采用一火成材，减少烧损，提高成材率。

减少氧化的措施如下。

A　快速加热

减少钢在高温区域的停留时间是加热炉操作的原则，应当使加热炉的生产能力与轧机的能力相适应。钢坯在炉温较高的炉内快速加热，达到出炉温度后，马上出炉开轧，避免长时间停留炉内待轧。

B　控制炉内气氛

在保证完全燃烧的前提下，控制适当的空气消耗系数，不使炉气中有大量过剩空气，降低炉气中自由氧的浓度。同时注意适时调节炉膛内压力，保持微正压操作，尤其出料口附近要采取措施，避免吸入大量冷空气，因为冷空气重度大，留在炉底钢坯表面上使氧化增加。并且冷空气的吸入必然降低炉温，又使加热时间延长。所以炉子应尽可能严密，炉门不要经常打开。基于这一道理，某些连续加热炉在均热段采取不完全燃烧，选用较小的空气消耗系数，来完全燃烧的燃料可以在加热段继续燃烧。

此外，还应尽量减少燃料中的水分、硫分，含硫太高的燃料不能用作加热炉燃料。

C　使用保护气层

在炉子出料端烧嘴下面，用管子送入保护气体（如发生炉煤气、液体燃料的裂化产物等），使钢坯表面处于还原性气层的覆盖之下，同时还原性气体在高温下还可析出炭黑，附在钢的表面上，这样可以减少或防止钢在高温区的氧化。而还原性气体则在炉子的加热段烧掉。这种方法不能完全避免钢的氧化，而且恶化了传热条件，效果不显著，所以没有得到广泛的应用。

D　采用保护涂料

在钢的表面涂上一层保护性涂料，如黏土、煤粉，把钢与炉气隔开减少氧化，但增加了热阻，对传热不利。国外试验采取以气态或液态随燃料向炉内加入有机硅化合物、有机铝化合物或有机硼化合物，它们热分解后生成的硅、铝、硼由于和氧的亲和力强，在金属表面形成稳定的氧化膜，能防止金属的氧化与脱碳。但这种方法还没有进入工业规模应用的阶段。

　　E　使钢料与氧化性气氛隔绝

这是用得比较多的一种方法，主要在热处理炉上。一般是通过两种办法来实现，一是采用带有马弗罩的马弗炉，二是采用辐射管。

　　F　敞焰无氧化加热

这种方法由于简单易行，目前还具有相当的地位。方法的实质是使高发热量燃料（如焦炉煤气、天然气、液体燃料等）在炉内分两阶段直接燃烧：第一阶段（加热段）燃料在空气不足的条件下燃烧（$n = 0.5 \sim 0.55$），在高温下将产生大量不完全燃烧产物 $[w(CO)$ 为 12% ~ 16%，$w(H_2)$ 为 15% ~ 17%]。由于存在这样多的还原性气体，氧化作用显著下降。例如一般轧锻加热炉，炉气温度在 1300 ~ 1400℃，这时必须使 $w(H_2O)/w(H_2) < 0.8$，$w(CO_2)/w(CO) < 0.3$，才可能使炉内保持还原气氛。然后这些不完全燃烧产物与二次空气再进行第二阶段（预热段）的燃烧。选一阶段的燃烧在金属的低温区域，也可以在单独的燃烧室内进行。

2.3.2.2　钢的脱碳

钢在加热过程中，表面除了被氧化烧损而外．还会造成表层内含碳量的减少，称为钢的脱碳。碳在钢中是以 Fe_3C 的形式存在，它是直接决定钢的机械性质的成分。例如，高碳工具钢，就是依靠碳获得高的红硬性，如果表面脱碳后，钢的硬度将大为降低，造成废品。

减少钢脱碳的措施：前述减少钢的氧化的措施基本适用于减少脱碳。例如，进行快速加热，缩短钢在高温区域停留的时间；正确选择加热温度，避开易脱碳钢的脱碳峰值范围；适当调节和控制炉内气氛，对易脱碳钢使炉内保持氧化气氛，使氧化速度大于脱碳速度；采取合理的炉型结构等。例如，易脱碳钢的加热最好采用步进式炉，因为它可以控制钢坯在高温区的停留时间，一旦轧机故障停轧，可以把炉内全部钢坯及时退出。还可以在连续加热炉的加热段和预热段之间加水冷闸板或中间烟道，当加热易脱碳钢时，放下水冷闸板，或提起中间烟道闸板。这样就降低了预热段的温度，钢在低温区的时间长，在高温区快速加热，从而减少脱碳。分室快速加热炉也具有这种特点。

脱碳问题对一般钢种来说，比起氧化的问题是次要的，只是加热易脱碳钢和某些热处理工艺需要注意。

2.3.3　钢的过热、过烧与粘钢

2.3.3.1　钢的过热

如果钢的加热温度超过了临界温度 A_{c3}，钢的晶粒就开始长大，晶粒粗化是过热的主要特征。加热温度越高，加热时间越长，这种晶粒长大的现象越显著。晶粒过分长大，钢的力学性能下降，加工时容易产生裂纹。特别在钢料的棱角部分或零件的边缘部分，轧锻时会开裂。在热处理时，过热往往使淬火零件内应力增大，产生变形或裂纹，以至成为废品。

加热温度与加热时间对晶粒的长大有决定性的影响，在轧锻作业和热处理的加热过程中，应掌握好加热温度，以及钢在高温区域停留的时间。

合金元素大多数是可以减小晶粒长大趋势的，只有碳、磷、锰会促进晶粒的长大。故一般合金钢的过热敏感性比碳素钢低，即合金元素起了细化晶粒的作用。

已经过热的钢可以通过退火处理恢复钢的力学性能，即使钢缓慢加热到略高于 A_{c3} 的温度，再慢慢冷却下来，使组织再结晶。这样的钢还可以重新加热进行压力加工。但严重过热的钢晶粒太大，已不能通过再结晶使晶粒细化，就难以用退火的办法恢复钢的力学性能。

2.3.3.2 钢的过烧

当钢加热到比过热更高的温度时，不仅钢的晶粒长大，晶粒周围的薄膜开始熔化。氧进入了晶粒之间的间隙，使金属发生氧化，又促进了它的熔化。导致晶粒间彼此结合力大为降低，塑性变坏，选样钢在进行压力加工过程中就会裂开，这种现象就是过烧。过烧的钢用退火的方法无法挽救，只有送回重新熔炼。

2.3.3.3 粘钢

当加热温度进到或超过氧化铁皮的熔化温度时，氧化铁皮开始熔化，流入与钢料之间的缝隙中，当钢料从加热段进入均热段时，由于温度降低，氧化铁皮凝圈，便产生粘钢。

过烧不仅取决于加热温度，也和炉内气氛有关。炉气的氧化能力越强，越容易发生过烧现象，因为氧化性气体扩散到金属中去，更易使晶粒间界氧化或局部熔化。在还原性气氛下，也可能发生过烧，但开始过烧的温度比氧化性气氛时要高 $60 \sim 70 \, ℃$。钢中含碳量越高，产生过烧危险的温度越低。与过热相同，发生过烧往往也是在高温区域停留时间过长，例如，轧机发生故障、换辊的时候。遇到这类情况要及时采取措施，设法降低炉温并减少进入炉内的空气量，如紧闭烟道闸门。

2.3.4 钢加热温度不均

在生产实际中，要求钢料的加热温度达到完全均匀一致是很困难的。因此，工艺上视钢种不同允许钢料在出炉时有一定的温差。如果脱离实际片面追求小的温差，将延长加热时间、增加燃料消耗量、降低产量。如果温差过大，则会对轧制造成上述许多不利影响。

加热温度的不均匀主要表现在以下几方面。

2.3.4.1 上下两面温度不均匀

上下两面温度不均匀，经常都是上面温度高，下面温度低。对于单面加热的炉子而言，往往是因为翻钢不及时造成的；对于双面加热的炉子而言，往往是由于下加热不足或在加热段停留时间过短造成的，要避免这种缺陷，应及时翻钢、强化下部炉膛的加热，并对炉筋管采取有效的绝热包扎措施或适当延长钢料在加热段的停留时间。

2.3.4.2 内外温度不均匀

内外温度不均匀表现在坯料表面温度已达到加热温度要求，而中心温度却远远低于要求的加热温度，即表面温度高，中心温度低。产生这种缺陷的主要原因是钢料在高温的加热阶段加热速度太快而在均热阶段又均热不足造成的，要避免这种缺陷应在快速加热后适当均热，尤其是那些断面尺寸较大的高碳钢和合金钢料坯，应有足够的均热时间。

内外温度不均匀的料坯，有时在轧制初期还看不出来，但经过几个道次的轧制之后，随着内部金属的暴露，钢温就明显降低，甚至颜色变暗变黑，钢的塑性变差，变形抗力显著增加，如果继续轧制就有轧裂或发生断辊事故。

2.3.4.3　长度方向温度不均匀

长度方向温度不均匀表现在以下几方面：（1）钢料底面的"黑印"。这是由于水冷滑轨的影响而在均热床上没有完全消除所致，为消除这种"黑印"，可采取强化下加热措施、对炉筋管进行绝热包扎、将炉盘管布置成蛇行水管、在均热床上安装成点接触的滑块，或者采用无水冷滑道效果更佳。（2）一端温度高，一端温度低。这往往是长短料偏装造成的，只要在装料操作时加以注意是完全可以避免的。（3）两端温度低，中段温度高。这种情况往往是由于炉子两侧的炉门经常打开或关闭不严，从炉门中吸入冷风造成的，因此在加热操作中要及时关严炉门；两端温度高，中段温度低。这种情况对板厂的宽炉子来说经常发生，这是由于两侧的炉墙辐射造成的，因此对于较宽的炉子在加热时应适当减少两侧烧嘴的燃料量。

2.3.5　钢加热裂纹

加热裂纹分为表面裂纹和内部裂纹两种，表面裂纹往往是由于原料的表面缺陷（如皮下气泡、夹杂、裂纹、过酸洗等）清除不彻底所致。原料的表面缺陷在加热时受到温度应力的作用而发展成为可见的表面裂纹，在轧制时则扩大成为产品的表面缺陷，此外钢的过热也可能造成表面裂纹。

加热时产生的内部裂纹则是由于加热速度过快或冷坯装炉时炉温过高造成的，尤其是高碳钢和合金钢的加热，因为这些钢的导热性和塑性都很差，如果加热速度过快或冷坯装炉时炉温过高，就会使坯料内外的温差悬殊，导致金属内部不均匀膨胀而产生巨大的温度应力，致使内部产生裂纹。在轧制时内裂纹露出并继续扩展，在钢料上形成很深的孔洞。高硅钢冷锭加热后经常发生这种缺陷；高速钢冷锭不经预热直接装入高温炉中，加热时也会产生严重裂纹，甚至裂成碎块。为避免加热裂纹的产生对这些钢料，必须充分预热后才能进行高温快速加热。

【任务实施】

加热炉司炉操作

A　加热炉点炉
加热炉烘炉必须按技术部门确认的耐火材料厂家提供的烘炉曲线执行。

a　烘炉前的准备工作
（1）检查冷却系统是否正常，有无漏水现象，附件合格安全。
（2）炉体各烧嘴保持畅通。
（3）将钢坯排入炉内，防止烘炉时固定梁和步进梁变形。
（4）煤气总管蝶阀，烧嘴前风阀及煤气阀是否处于关闭位置。
（5）风机是否开启，并正常运转。

（6）加热炉仪表、微机系统是否能正常投入。

（7）炉体机械联动试车合格。

（8）蓄热式加热炉用氮气供到换向阀前，且煤气换向阀与空气换向阀保持同步，使各段空气、煤气从炉体同一侧供入。

（9）大修后煤气管路及水冷却系统按规定做各项试压合格。

（10）炉子周围有无明火及易燃物。

（11）通知调度点炉时间，由调度联系煤气。

（12）点火工作由作业长负责具体安排指挥各项程序，加热炉班长和看火工及其他岗位人员配合具体操作。

b　煤气管道的吹扫和放散

煤气管道的吹扫和放散工作，必须在煤气管道的检漏与打压试验完成后进行。吹扫和放散工作开始前，首先需要确认以下各项是否已准备好：

（1）确认天然气已送到炉区天然气总管的闸阀前。

（2）确认天然气点火烧嘴前支管上的密封蝶阀关闭。

（3）烘炉管管道各支管阀门关闭。

（4）除放散总管上的放散阀门开启外，其余放散阀全部关闭。

（5）关闭取样管的阀门，关闭放水阀。

c　天然气管路的吹扫和放散

天然气管路的吹扫和放散按下述步骤进行：

（1）关闭点火烧嘴总管上的闸阀。

（2）打开天然气管路末端的放散阀。

（3）打开氮气阀，通入氮气对点火烧嘴管路天然气管线进行吹扫。

（4）吹扫约 15min 后，在天然气支管末端取样阀处用 O_2 检测仪进行残氧量的测定，残氧量必须低于 2%，如不合格继续吹扫，合格后关闭氮气阀门停止吹扫，接着关闭天然气放散阀，吹扫放散完毕。

d　点火烧嘴前天然气的输送

（1）吹扫放散完成后，即可开始往炉子点火天然气管路输送天然气。

（2）确认点火烧嘴前的煤气蝶阀关闭，取样管阀门关闭，放散阀打开，放水阀关闭。

（3）烘炉管各支管阀门关闭，放散阀打开。

（4）打开天然气管路上的闸阀后，开始送天然气。约过 15min 后，在末端取样管取样，进行燃烧试验。共取样三次，试验合格后，即可关闭放散阀。此时天然气已通到各烧嘴及烘炉管的阀门前，通气工作完成，天然气系统处于待用状态。

e　加热炉点火

（1）加热炉点火必须具备的条件：

1）炉底水梁冷却系统已投入运行。

2）炉底步进机械冷调试结束，可投入正常运行。

3）仪表系统已进入工作状态，各控制回路置于手动状态。

4）换向阀控制系统处于待机状态。

5）仪表用压缩空气系统已供气，压力指示大于 0.5MPa。

（2）点火烘炉。

1）准备制作烘炉管，将它们从检修门处放入加热炉内，并按临时天然气管线（烘炉管为大气烧嘴，不鼓风，具体制作见烘炉管布置图）。

2）打开所有的炉门和检修炉门和辅助烟道闸门。

3）确认天然气总管压力是否满足点火需要的 6500Pa，满足方可以点火。

4）点燃烘炉管的程序如下：

① 将炉内点燃明火三堆；

② 将点火用火把伸到一根烘炉管端部的煤气孔上面，缓慢打开天然气闸阀，确认点火并能传火，则逐渐开大阀门，直至燃烧正常，其他烘炉管的点火程序相同。

（3）火焰调节与温度控制。

1）操作人员应注意观察每根烘炉管的燃烧情况。根据火焰情况调整阀门开度，防止脱火和熄火。如发现熄火现象时，应立即关闭该烘炉管的进气管阀门，如发现有脱火现象时，则应关小烘炉管的进气管阀门。

2）烘炉过程中，应严格按烘炉曲线控制炉温（见烘炉曲线图）。根据炉温情况，增大或减小天然气供给量，调整烘炉管的煤气流量，确保烘炉温度符合烘炉曲线。

3）增大供热负荷时，可适当开大阀门开度，增加天然气供给量。同时注意观察烘炉管的变形情况，如烘炉管严重变形不能正常燃烧时，应关闭该根烘炉管。烘炉管可将炉温烘至 350~400℃ 。

（4）使用点火烧嘴烘炉阶段。当用烘炉管难以继续提高炉温时，开始启用点火烧嘴，具体操作如下：

1）调整辅助烟道闸板的开度，控制炉压约为 +10Pa。

2）将火把放置点火烧嘴点火孔，然后打开点火烧嘴煤气蝶阀，着火后，打开空气蝶阀，调整火焰。

3）如天然气点火未着，应立即关闭煤气蝶阀，紧接着打开点火烧嘴空气蝶阀，排除炉内可燃气体。检查未着火的原因，并采取措施重复本条 c、e、d、a、b 项动作。

4）确认天然气点着后，依次点燃其他的点火烧嘴。按照烘炉曲线决定增减点火烧嘴。

5）根据天然气的供给量调整空气蝶阀。

f　蓄热式燃烧系统的预热及投入到该系统的准备

当炉温升至 400℃ 后，蓄热式燃烧系统随着烘炉的继续，进入预热阶段，在该系统运转前，要做好以下准备工作：

（1）确认高炉煤气总管密封蝶阀、眼镜阀和蓄热式煤气烧嘴前的密封蝶阀关闭。

（2）打开所有蓄热式烧嘴前空气蝶阀 10%，空气三通换向阀投入自动换向，换向时间为 60~100s。

（3）启动鼓风机（在关闭鼓风机入口调节阀的情况下启动，工作正常后打开），打开各段空气流量气动调节阀，向空气分配管送风，开度 15%。

（4）炉温接近 650℃ 时，开始进行高炉煤气管路的吹扫放散，但点火烧嘴不停。

g　高炉煤气管路的吹扫和放散

（1）吹扫和放散工作开始前，首先需要确认如下各项：

1）确认高炉煤气已送到煤气操作平台进口煤气总管密封蝶阀前。

2) 确认氮气已送到氮气吹扫接点的阀门前。

3) 确认各蓄热式烧嘴的煤气蝶阀关闭, 眼镜阀打开。

4) 打开煤气三通阀前的煤气蝶阀。

5) 放散总管上的放散阀打开, 各支管放散阀打开。

6) 关闭各取样点阀门, 关闭放水阀门。

(2) 高炉煤气管路的吹扫和放散:

1) 快切阀和各段煤气管道上的气动调节阀处于全开位置。煤气三通阀置于废气侧。

2) 打开加热炉各段煤气分配管末端的放散阀。

3) 打开氮气阀门, 通入氮气对高炉煤气管线进行吹扫。

4) 吹扫约 30min 后, 在煤气管道取样阀处用 O_2 检测仪进行残氧量的测定, 残氧量必须低于 2%。如不合格继续吹扫, 合格后将煤气三通换向阀置于煤气侧, 继续吹扫 10min, 关闭氮气阀门停止吹扫, 关闭放散总管上的阀门。

　h　送高炉煤气

(1) 确认煤气总管上的快速切断阀和加热炉各段煤气管路上的流量调节阀及煤气三通换向阀前的密封蝶阀全开, 废气蝶阀关闭, 高炉煤气的各放散阀打开。

(2) 开始往炉内送煤气, 约过 20min, 在分配管末端的取样管取样进行燃烧试验。共取样三次, 试验合格后, 关闭所有放散阀, 高炉煤气已通到各煤气蓄热式烧嘴前的三通阀前, 送高炉煤气完成, 煤气处于待用状态。

　i　蓄热式系统的投入使用

(1) 当炉温达到 700℃ 后, 蓄热式燃烧系统准备投入, 投入的顺序是均热段、第一加热段、第二加热段、第三加热段。

(2) 此时要保证仪表系统已进入工作状态, 各控制回路置于"手动"。煤气换向系统已处于待机状态。

(3) 启动煤气引风机 (在关闭引风机入口调节阀的情况下启动, 工作正常后打开)。

(4) 均热段煤气的点燃步骤是:

1) 均热段煤气三通换向阀开始运转, 并将该段的空气、煤气三通换向阀置于"单动"状态。

2) 将均热段煤气烧嘴前的蝶阀打开。

3) 将均热段废气阀打开 50%, 接着打开均热段煤气流量调节阀, 开度 20%。随即打开煤气引风机前的风门, 开度为 20%。通过均热段的空气、煤气流量调节阀调节空气、煤气的比例为 0.721, 并根据火焰燃烧情况及时进行调整。在正常燃烧情况下, 进行单动方式人工换向, 换向周期 60s。在人工换向 3~5 次后, 确认换向燃烧正常, 即改为自动换向, 空气、煤气换向阀的周期为 60s。

(5) 均热段燃烧正常后, 用 c、d、i 的方法步骤依次启动其他加热段的燃烧。

(6) 在全炉启动完毕后, 通过调节空气、煤气的流量调节阀, 确保正常的炉温和空燃比。通过调节各段的废气调节阀的开度, 保证各段的排烟温度大致相等, 且小于 180℃; 调节烟道闸板使炉压保持在 +15~+25Pa 之间。

(7) 蓄热式烧嘴燃烧状况完全正常, 并在炉温达到 850℃ 以上后, 关闭点火烧嘴前的空气、煤气阀门。

（8）炉膛降温后的处理，因各种原因使炉温降至 650℃时，应重新接通天然气，点燃点火烧嘴，详细操作见天然气点火烧嘴操作。

　　j　自动控制系统的投入

（1）将空气调节和煤气调节置于"手动"方式。

（2）将炉压控制置为"自动"方式。通过两个引风机前废气管路上的入口风门联动，对炉压进行调节。如果炉压在 +15～+25Pa 时，废气温度超过 180℃，则缩短换向时间；如果低于下限值 80℃时，则延长换向时间。

（3）投入其他控制回路，全炉进入正常工作状态。

　　B　加热炉工艺操作

（1）看火工必须严格按加热规程操作，保证钢坯加热温度足够且均匀，不产生过热、过烧、脱碳等质量事故。

（2）生产时各段供热应按钢种、钢坯规格合理分配，结合炉内火焰状况和仪表温度变化趋势，加以调整，保证出炉钢坯温度符合相应钢种的加热规程要求。按照要求填写看火记录表。

（3）烧嘴开关的顺序是：开启时，先开风阀，再开煤气阀；关闭时，先关煤气阀，后关小风阀，约留 1/5 的风量，以防烧坏烧嘴或回火。

（4）调节热负荷时，应保证空气与煤气配比适当，禁止只调煤气而不调空气的操作。

（5）随时观察冷却系统，步进机械、液压站、风机、坯料运行、空/煤气管路及燃烧系统，发现问题及时处理。

（6）加热炉要保证微正压操作，燃烧完全。专用钢严格按其加热制度操作。

（7）根据钢坯规格及轧制情况调整炉温，出炉钢坯上下表面温差不大于 50℃。

（8）生产过程中，若发生下列问题之一，应立即停炉：

1）煤气发生回火；

2）水冷却系统发现堵塞或严重漏水现象；

3）突然停电。

（9）调整水封槽给水，保证各溢流管有水流出。

（10）加热炉通过调整空气侧、煤气侧各段排烟阀门，使各段排烟温度不超过 150℃。

【任务总结】

掌握加热炉司炉操作的实施过程与注意事项，在工作中树立谨慎务实的工作作风，成为一名合格的加热司炉工。

【任务评价】

加热炉司炉操作					
开始时间		结束时间		学生签字	
				教师签字	
项　目		技术要求		分值	得分
加热炉司炉操作		（1）方法得当； （2）操作规范； （3）正确使用工具与设备； （4）团队合作			

续表

项　目	技术要求	分值	得分
任务实施报告单	（1）书写规范整齐，内容翔实具体； （2）实训结果和数据记录准确、全面，并能正确分析； （3）回答问题正确、完整； （4）团队精神考核		

 思考与练习

2-3-1　加热炉烘炉如何进行？

2-3-2　司炉过程中可能发生的问题有哪些？

学习领域 3 轧 制

任务 3.1 粗 轧

能力目标：

　　熟悉粗轧设备的技术参数，会正确执行粗轧操作。

知识目标：

　　熟悉粗轧设备构造，掌握中厚板压下规程制定方法。

【任务描述】

　　轧制工序是轧钢过程最重要的环节，粗轧阶段的主要任务是将原料展宽到所需要的宽度并进行大压缩延伸。具体来讲：一是选择合适的轧制方法，对坯料进行形状的整定，调整坯料的长宽尺寸；二是将坯料轧制到所需要的宽度、控制平面形状和进行大的延伸。通过本任务学习，掌握粗轧设备的种类和技术参数及轧钢过程的手段和方法。

【相关资讯】

3.1.1 粗轧任务及方法

　　轧制是中厚板生产的钢板成型阶段。中厚板的轧制可分为除鳞、粗轧、精轧三个阶段。

　　除鳞是将在加热时生成的氧化铁皮去除干净，以免压入钢板表面形成表面缺陷。普遍采用高压水除鳞箱，水压一般在 15~20MPa。喷水除鳞是在箱体内完成的，起到安全和防水溅的作用。除鳞装置的喷嘴可以根据板坯的厚度来调整喷水的距离，以获得更好的效果。为了去除轧制过程中生成的次生氧化铁皮，在轧机前后都需要安装高压水喷头，在粗轧、精轧过程中都要对轧件喷几次高压水。某企业中厚板厂高压水除鳞设备水压力可达 23MPa。

　　中厚板轧制一般采用两阶段轧制，粗轧、精轧。粗轧阶段的主要任务是将板坯展宽到所需要的宽度并进行大压缩延伸。精轧阶段的主要任务是质量控制，包括厚度、板形、表面质量、性能控制。

　　轧制方法主要包括以下几种：

　　（1）全纵轧法。钢板的延伸方向与原料（钢锭或钢坯）纵轴方向一致的轧制方法。原料宽度不小于成品钢板的宽度，如图 3-1 所示。

　　优点：产量高，钢锭的头部缺陷不易扩展到

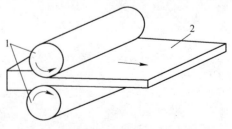

图 3-1 全纵轧法
1—原料（钢锭或钢坯）；2—钢板

全长上面。

缺点：钢中偏析、夹杂带状分布，组织、性能各向异性，横向性能差。

（2）综合轧制法。横轧即是钢板的延伸方向与原料的纵轴方向垂直。先纵轧 1~2 道，平整板坯，称为成型轧制；然后转 90°横轧展宽，宽度延伸到所需板宽，称为展宽轧制；再转 90°纵轧成材，称为延伸轧制。

优点：板坯宽度不受钢板宽度限制，灵活选料，改善钢板的横向性能。

缺点：两次 90°旋转，产量降低，钢板易成桶形，切边损失大，降低成材率。

（3）全横轧法。板坯长度不小于钢板宽度。适合用初轧板坯做原料的生产，有利于改善钢板的各向异性。为使钢板性能均匀，由钢锭算起的总变形中使其纵向和横向的压下率相等，由此可以确定中厚钢板轧制所需的板坯厚度。

（4）角轧-纵轧法。角轧是将轧件纵轴与轧辊轴线成一定角度，送入轧辊进行轧制的方法，送入角 15°~ 45°，每一对角线轧制 1~2 道更换另一对角线轧制，先得到平行四边形，再得矩形。如图 3-2 所示。轧件每轧制一道其轧后宽度可按下式求出：

$$B_2 = B_1\mu / [1 + \sin^2\theta(\mu^2 - 1)]^{1/2}$$

式中　B_1，B_2——轧制前、后钢板宽度；

　　　　μ——延伸系数；

　　　　θ——该道的送入角。

优点：改善各向异性。

缺点：轧制周期长，不易控制板形，切损大。

3.1.2　轧制设备

用于中厚板生产的轧机有以下四种：二辊可逆式轧机、三辊劳特式轧机、四辊可逆式轧机和万能式轧机。中厚板车间的布置形式有三种，即单机座布置、双机座布置和半连续或连续式布置。某企业中厚板厂采用的是双机座四辊可逆式轧机，轧机工作示意图如图 3-3 所示。

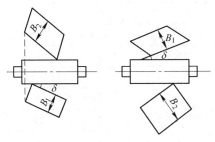

图 3-2　角轧-纵轧法

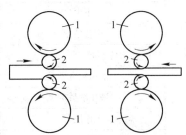

图 3-3　四辊可逆式轧机工作示意图
1—支撑辊；2—工作辊

四辊中厚板轧机由于其刚度高、可采用较大直径的支撑辊，减轻了轧钢时工作辊的变形，所以道次压下量大，工作效率高。四辊轧机的工作机座一般包括下列几个组成部分：

（1）轧辊组件（辊系）。由轧辊、轴承、轴承座等零部件组成。

（2）机架部件。由左右机架、上下连接横梁、轨座等构件组成。

（3）压下平衡装置。

（4）轧辊的轴向调整或固定装置。

3.1.2.1　轧机设备参数及性能

轧机设备参数及性能如表 3-1 所示。

表 3-1　轧机设备参数及性能

设备参数			单位	粗轧机	精轧机
形　式				四辊可逆轧机	
立柱端面面积			cm²	9936	
允许最大轧制力			kN	70000	
轧制力矩			kN·m	2×2300	2×2100
最大轧制速度（最大辊径）			m/s	4.5	7.0
最大开口度			mm	320（配辊时 350）	
主传动	电机	功率	kW	2×6000	2×8000
		转速（输出）	r/min	0~36~72	0~54~134
轧辊	工作辊	规格	mm	$\phi1150 \times 1050 \times 3500$	
		材质		工作层：高 NiCr 无限冷硬铸铁；芯部：球墨铸铁	
		质量	t	41.822	
	支撑辊	规格	mm	$\phi2100 \times 1900 \times 3400$	
		材质		合金锻钢或铸钢	
		质量	t	125.5	
电动压下		压下螺丝	mm	S720×50	
		压下速比		31.0833	
		压下速度	mm/s	0~20~40 电磁离合	
		行程	mm	520	520
		压下电机	kW	355	
		定位精度	mm	±0.01	
		压力传感器	吨/套	2 套　3500	—
液压压下		液压缸直径	mm	预留	$\phi1450 \times 1350$
		液压缸数量	台		2
		工作压力	MPa		25
		压下速度	mm/s		5
		压下行程	mm		80

3.1.2.2　中厚板轧机结构分析

A　主传动

轧钢机主传动装置根据轧机类型的不同，而由不同的部件组成。它一般包括下列几个部件：连接轴及平衡装置、齿轮座、主联轴节、减速机、电动机联轴节和电动机。

三辊劳特式轧机用一台交流电动机，经减速机，人字齿轮座来驱动上、下两个大辊，如图 3-4 所示。三辊劳特式轧机的人字齿轮座由 3 个齿轮构成，它是一种将电机输出功率分配给上、下两个大辊的装置，其齿轮的节圆直径大致与轧辊直径相等。轧辊的转速比由齿轮的齿数决定，因此，为了使上、下轧辊的圆周速度保持相同，上、下轧辊直径要保持一致。

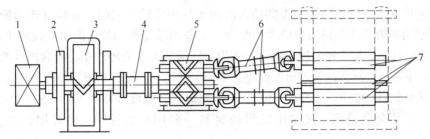

图 3-4　三辊劳特式轧机主传动示意图

1—主电动机；2—飞轮；3—减速机；4—齿式联轴节；5—人字齿轮座；6—万向接轴；7—轧辊

四辊轧机也有采用人字齿轮座转动方式的，由于工作辊直径受到齿轮直径的限制，难以传递大的功率，所以近年来新建的四辊轧机上、下工作辊分别采用各自的直流电动机来驱动，图 3-5 为四辊轧机电动机直接传动轧辊的主传动示意图。两个工作轧辊由直流电动机通过接轴单独驱动，轧辊的速度同步由电气设备来保证。这种主机列没有减速器和齿轮机座，减少了传动系统的飞轮力矩和损耗，缩短了启动和制动时间，因此能提高可逆式轧机的生产率。

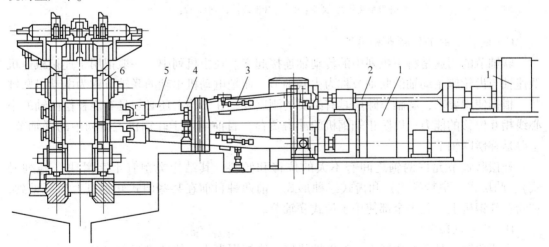

图 3-5　四辊轧机电动机直接传动轧辊的主传动示意图

1—电动机；2—传动轴；3—接轴移出缸；4—接轴平衡装置；5—万向接轴；6—工作机座

立辊轧机位于水平轧机的前面，立辊机架与水平机架呈近接布置。立辊轧机主要分为两大类，即一般立辊轧机和有 AWC 功能的重型立辊轧机。

一般立辊轧机是传统的立辊轧机，主要用于板坯宽度齐边、改善边部质量。这类立辊轧机结构简单，主传动电机功率小、侧压能力普遍较小，而且控制水平低，辊缝设定为摆死辊缝，不能在轧制过程中进行调节，宽度控制精度不高。

　　有 AWC 功能的重型立辊轧机结构先进，主传动电机功率大，侧压能力大，具有 AWC 功能，在轧制过程中对带坯进行调宽、控宽及头尾形状控制，提高宽度精度和减少切损。

　　B　万向接轴及平衡装置

　　万向接轴是按虎克关节（十字关节）的原理制成的，其结构如图 3-6 所示。两块带有定位凸肩的月牙滑块 3 用滑动配合装在叉头 2 的径向镗孔中，并由上、下具有轴颈的方形小轴 4 固定位置。带切口的扁头 1 则插入滑块 3 与小方轴 4 之间，方轴（矩形断面部分）以其表面镶的铜滑板 5 与扁头开口滑动配合。关节两端是游动的，即可在接轴中心线方向沿扁头的切口移动。叉头径向镗孔的中心线为回转轴 X-X 小方轴的中心线为回转轴 Y-Y，两回转轴互相垂直。这样，两轴即可按虎克关节的原理运动，使互相倾斜的两轴传递运动。

　　万向接轴轴体的材质一般应为 50 号以上的锻钢，强度极限不小于 650~750MPa。应力较大时，可用合金锻钢。接轴中的滑块材料一般用耐磨青铜，也可用布胶、尼龙等制作。

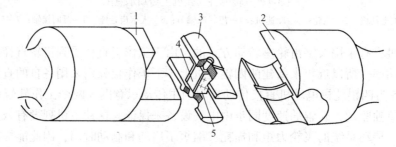

图 3-6　万向接轴的立体简图

1—开口扁头；2—叉头；3—月牙滑块；4—小方轴；5—滑板

　　C　联轴节的工作特点和类型

　　联轴节的用途是将主机列中的传动轴连接起来。在主机列中，一般把用于连接减速机低速轴与齿轮座主动轴的联轴节称为主联轴节，而把电动机出轴的联轴节称为电动机联轴节。根据使用要求，联轴节除应具有必要的刚度外，在结构上还必须具有能补偿两轴的中心线相互位移的能力，以防止轧钢机的冲击负荷。目前应用于轧钢机主机列中的联轴节，主要是补偿联轴节。

　　补偿联轴节允许两轴之间有不大的位移和倾斜，其结构类型有十字滑块（施列曼式）、凸块式（奥特曼式）和齿式三种形式。前两种目前在某些旧式轧钢机上尚可见到，在新型轧钢机上，几乎全部使用了齿式联轴节。

　　D　齿式联轴节

　　齿式联轴节具有结构紧凑、补偿性能好、摩擦损失小、传递扭矩大（3MN·m）和一定程度的弹性等优点，所以广泛用于轧钢机的主传动轴上。

　　齿式联轴节的结构如图 3-7 所示，主要由两个带有外齿的外齿轴套 1 和两个带有内齿的套筒 2 所组成。两个套筒用螺栓固定，其内装有高黏度的润滑油，两端用密封圈 5 进行良好的密封。轴套端面上有螺孔 6，可以装上螺栓以便于将轴套从轴上卸下。润滑油经油塞孔 4 注入。轴与轴套间一般采用过渡配合，并带有平键连接，有时也采用花键连接。当工作条件繁重时，所用的巨型联轴节就要采用没有键的热压过盈配合。

　　为了避免外齿与内齿挤住，通常将轴套的外齿齿顶做成球面的。安装时，外齿与内齿之间保持一定的间隙，以便补偿被连接的两根轴之间小量的偏移和倾斜（见图 3-8）。其倾斜角度 ω 和偏移量 a 应保持最小值。特别是接轴处于高速运转的情况时，根据标准规定 $\omega < 0°30'$。

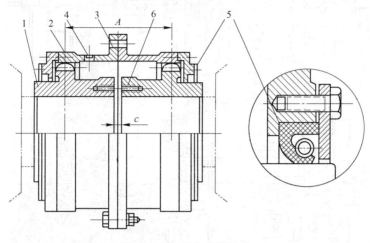

图 3-7　CL 型齿式联轴节

1—轴套；2—套筒；3—纸垫；4—油塞孔；5—密封圈；6—拆卸轴套用的螺孔

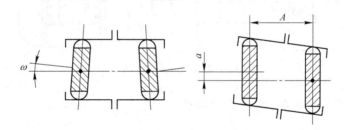

图 3-8　齿式联轴节的倾斜角和径向位移示意图

E　四辊中厚板轧机工作机座的结构

四辊中厚钢板轧机由于其刚度高、可采用较大直径的支撑辊，减轻了轧钢时工作辊的变形，所以道次压下量大、轧制效率高。近年来，在四辊轧机上又增加了厚度自动控制和弯辊装置，进一步提高了钢板的厚度精度和板形精度。四辊轧机还适于各种类型的控制轧制工艺，生产高质量中厚钢板。目前，无论在国外还是国内，四辊轧机已经成为生产中厚钢板的主要机型。

四辊板带轧机的工作机座一般包括下列几个组成部分：

（1）轧辊组件（也称辊系）。由轧辊、轴承、轴承座等零部件组成。

（2）机架部件。由左右机架、上下连接横梁、轨座等构件组成。

（3）压下平衡装置。

（4）轧辊的轴向调整或固定装置。四辊轧机的结构如图 3-9 所示。

无论哪一种轧钢机，为了进行轧制，轧辊是必不可少的零件。既有轧辊，就必须具有轴承、轴承座、机架等起支持作用的零件。为了保证轧辊的开口度必须有压下调整装置。

压下装置有手动的、电动的、液压传动的及电动—液动的，根据轧机的类型不同而采用不同的形式。平辊的钢板轧机一般具有轴向固定装置，在特殊形式的轧机上为了得到正

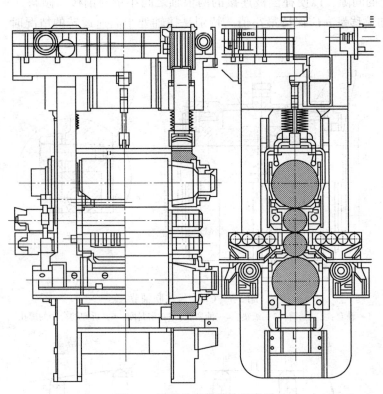

图 3-9　四辊轧机的结构示意图

确的辊缝形状，必须有轧辊的轴向调整装置。

3.1.2.3　工艺规程的制定要点

A　制定生产工艺

根据车间设备条件及原料和成品的尺寸，生产工艺过程一般如下：原料的加热→除鳞→轧制（粗轧、精轧）→矫直→冷却→划线→剪切→检查→清理→打印→包装。

加热的目的是为了提高塑性，降低变形抗力；板坯加热时宜采用步进底式连续加热炉；加热温度应控制在约 1250℃，以保证开轧温度达到 1200℃的要求。另外，为了消除氧化铁皮和麻点以提高加热质量，可采用"快速、高温、小风量、小炉压"的加热方法。该法除能减少氧化铁皮的生成外，还提高了氧化铁皮的易除性。

除鳞是将坯料表面的炉生和次生氧化铁皮清除干净，以免轧制时压入钢板表面产生缺陷，它是保证钢板表面质量的关键工序。炉生氧化铁皮采用大立辊侧压并配合高压水的方法清除，没有大立辊时采用高压水除鳞箱除鳞也能满足除鳞要求。次生氧化铁皮则采用轧机前后的高压水喷头喷高压水的方法来清除。

板坯的轧制有粗轧和精轧之分，但粗轧与精轧之间无明显的划分界限。在单机架轧机上一般前期道次为粗轧，后期道次为精轧；对双机架轧机通常将第一架称为粗轧机，第二架称为精轧机。粗轧阶段主要是控制宽度和延伸轧件。精轧阶段主要使轧件继续延伸同时进行板形、厚度、性能、表面质量等控制。精轧时温度低、轧制压力大。因此，压下量不宜过大。中厚板轧后精整主要包括矫直、冷却、划线、剪切、检查及清理缺陷，必要时还要进行热处理及酸洗等，这些工序多布置在精整作业线上，由辊道及移送机纵横运送钢板进行作业，且机械化自动化水平较高。

B　制定压下规程

a　确定板坯长度

板坯长度依据毛板尺寸和板坯断面尺寸按体积不变定律求出。

确定毛板尺寸时，一般取轧件轧后两边剪切余量为 $\Delta b = 100 \times 2\text{mm}$，头尾剪切余量为 $\Delta l = 500 \times 2\text{mm}$。

b　确定轧制方法

主要是确定粗轧操作方法。粗轧操作方法主要有：

（1）全纵轧法。当板坯宽度达到毛板宽度要求时采用。它的优点是产量高，但钢板组织和性能存在严重的各向异性，横向性能特别是冲击韧性太低。

（2）横轧-纵轧法。当板坯宽度小于毛板宽度而长度又大于毛板宽度时采用。其优点是板坯宽度与钢板宽度可灵活配合，钢板的横向性能有所提高（因横向延伸不大），各向异性有所改善；缺点是轧机产量低。

（3）纵轧-横轧法。当板坯长度小于毛板宽度时采用。由于两个方向都得到变形且横向延伸大，钢板的性能较高。

（4）角轧-纵轧法。当轧机强度及咬入能力较弱（如三辊劳特轧机）时或板坯较窄时采用。

（5）全横轧法。当板坯长度达到毛板宽度要求时采用。

c　分配各道压下量，排出压下规程表

采用按经验分配压下量再校核、修正的设计方法。

d　校核咬入条件

按 $\Delta h_{\max} = D_{\min}(1 - \cos\alpha_{\max})$ 计算最大压下量，并使 $\Delta h_i \leqslant \Delta h_{\max}$。热轧钢板时最大咬入角为 $15° \sim 22°$，并按最小工作直径计算。

C　确定速度制度

（1）选择各道咬入、抛出转速、限定转速。结合现场经验确定。当轧制速度较高时，为了减少空转时间，抛出转速可适当取低些。最后一道由于与下一板坯第一道轧辊转向相同，轧辊不需反转而只需调整辊缝即可，故可取 $np = nd$。

（2）确定各道间隙时间。根据经验资料，在四辊轧机上往返轧制过程中，不用推床定心（$l < 3.5\text{m}$）时，取 $t_j = 2.5\text{s}$；若用推床定心，则当 $l \leqslant 8\text{m}$ 时，取 $t_j = 6\text{s}$，当 $l > 8\text{m}$ 时，取 $t_j = 4\text{s}$。当轧件需回转时，间隙时间要取大些。

（3）确定速度图形式。中厚板生产中，由于轧件较长，为方便操作，采用梯形速度图。

（4）计算各道纯轧时间，确定轧制延续时间。

纯轧时间 t_{zh} ＝加速轧制时间＋稳定轧制时间＋减速轧制时间。

$$加速轧制时间 = \frac{n_d - n_y}{a};$$

$$减速轧制时间 = \frac{n_d - n_y}{b};$$

稳定轧制时间 $= \dfrac{1}{n_\mathrm{d}} \left[\dfrac{60l}{\pi D} + \dfrac{n_\mathrm{y}^2}{2a} + \dfrac{n_\mathrm{y}^2}{2b} - \dfrac{(a+b)n_\mathrm{d}^2}{2ab} \right]$ 。

若轧件是在稳定转速下咬入、轧制、抛出的，即整个轧制过程中转速不变，则 $t_\mathrm{sh} = l \dfrac{\pi D n_\mathrm{d}}{60}$ 。

（5）绘制速度图。

D　校核轧机

a　计算各道轧制温度

要计算各道次轧制温度，首先必须计算各道次的温度降：

$$\Delta t = 12.9 \times \frac{z}{h} \times \left(\frac{T_1}{1000} \right)^4$$

式中　Δt——相邻两道次间的温度降，℃；

　　　h——前一道轧出厚度，mm；

　　　T_1——前一道轧制温度，K；

　　　z——前后两道间的时间间隔，s。

则每道次的轧制温度为：$T_1 - \Delta t$ ℃。

另外，由于轧件头部和尾部温度降不同，为设备安全着想，确定各道温度降时应以尾部（因尾部轧制温度比头部低）为准。

b　计算各道变形程度

变形程度　　　　　　　　　　$\varepsilon = \dfrac{\Delta h}{H} \times 100\%$

c　计算各道平均变形速度

轧制板带钢时平均变形速度

$$\bar{\varepsilon} \approx \frac{2v\sqrt{\Delta h / R}}{H + h}$$

式中　v——轧制速度，对于变速轧制的可逆轧机可取最大轧制速度。

d　确定各道变形抗力

变形抗力的确定，可先根据相应道次的变形速度、轧制温度，由该钢种的变形抗力曲线查出变形程度为 30% 时的变形抗力，再经过修正计算，即可得出该道次实际变形程度时的变形抗力：$\sigma_i = K\sigma_{\mathrm{s}30\%}$ 。

e　计算各道平均单位压力

热轧中厚板生产时，平均单位压力用西姆斯公式计算：

$$\bar{p} = 1.15\sigma_\mathrm{s} \cdot \eta'_\sigma$$

式中，η'_σ 为应力状态影响系数，可由美坂佳助公式计算：

$$\eta'_\sigma = \frac{\pi}{4} + 0.25\frac{l}{h}$$

f　计算各道总压力，校核轧机能力

各道次轧制总压力为 $P = \bar{p} \cdot F = \bar{p} \cdot bl$ 。若 $P_\mathrm{max} < [P]$ ，则轧机强度足够。

E　校核电机

a　计算各道轧制力矩

轧制力矩　　　　　　　　　$M_z = 2P\psi\sqrt{R\Delta h} = 2P\psi l$

式中　ψ——力臂系数，$\psi = 0.4 \sim 0.5$。

b　计算各道附加摩擦力矩

附加摩擦力矩由轧辊轴承中的摩擦力矩 M_{m1} 和轧机传动机构中的摩擦力矩 M_{m2} 两部分组成。

在四辊轧机上，轧辊轴承中的摩擦力矩由下式计算：

$$M_{m1} = Pfd_z\left(\frac{D_g}{D_z}\right)$$

式中　f——支撑辊轴承的摩擦系数；

　　　d_z——支撑辊辊颈直径；

D_g，D_z——工作辊和支撑辊辊身直径。

轧机传动机构中的摩擦力矩 M_{m2} 由联接轴、齿轮机座、减速机和主电机联轴器等四个方面的附加摩擦力矩组成，可按下式计算：

$$M_{m2} = \left(\frac{1}{\eta} - 1\right)\frac{M_z + M_{m1}}{i}$$

式中　η——由电机到轧辊的总传动效率，为各传动部分传动效率的乘积；

　　　i——由电机到轧辊的总传动比。

c　计算空转力矩

轧机空转力矩 M_K 根据实际资料可为电机额定力矩的（3~6）%。

d　计算动力矩

当轧辊转速发生变化时要产生动力矩。此处由于采用稳定速度咬入，即咬钢后并不加速，而减速阶段的动力矩使电机输出力矩减小。故在计算最大电机力矩时都可以忽略不计。

e　确定各道总传动力矩

总传动力矩　　　　　　　$M = M_{z/i} + M_m + M_K + M_d$

f　绘制电机负荷图

表示电机传动力矩（负荷）随时间而变化的图示即为电机负荷图。当轧机转速 n 大于电机额定转速 n_H 时，电机将在弱磁状态下工作，此时在相应阶段的传动力矩值应当修正。修正后的传动力矩为

$$M' = M\frac{n}{n_H}$$

3.1.2.4　工艺规程的制定实例

设计题目：用钢种为 Q215F、断面尺寸为 120mm×1600mm 的板坯轧制 8mm×2900mm×17500mm 钢板的压下规程设计。

已知条件：开轧温度 1200℃，横轧时开轧温度 1120℃；轧机为单机架四辊可逆式，设有大立辊及高压水除鳞装置，机前还设有回转板坯的锥形辊道；工作辊辊身直径 930~980mm，支持辊辊身直径 1660~1800mm、辊颈直径 1300mm，辊身长度 4200mm；工作辊轴承为滚动轴承，支撑辊轴承为油膜轴承；轧机最大允许轧制压力 42000kN；主电机功率 2×4600kW，转速 0~30~60r/s，$a = 40$r/s，$b = 60$r/s，最大允许扭转力矩 2×2240kJ。

A　制定生产工艺（略）

B　制定压下规程

a　确定板坯长度

取轧件轧后两边剪切余量为 $\Delta b = 100 \times 2mm$，头尾剪切余量为 $\Delta l = 500 \times 2mm$。则：

轧件轧后的毛板宽度　$b = 2900 + 100 \times 2 = 3100mm$

轧件轧后的毛板长度　$l = 17500 + 500 \times 2 = 18500mm$

若忽略烧损和热胀冷缩，则根据体积不变定律可得板坯长度应为

$$L = \frac{hbl}{HB} = \frac{8 \times 3100 \times 18500}{120 \times 1600} = 2389mm$$

根据板坯定尺，取 $L = 2400mm$。即坯料尺寸为 $120mm \times 1600mm \times 2400mm$。

b　确定轧制方法

根据设备条件及板坯与毛板尺寸关系，确定轧制方法为：先经立辊侧压一道及纵轧一道，使板坯长度等于毛板宽度后，回转 $90°$，纵轧到底。

c　分配各道压下量，排出压下规程表

根据经验，取最大压下量 $\Delta h_{max} = 25mm$，轧制道次 $n = 11$ 道。各道具体压下量见压下规程表 3-2。

d　校核咬入条件

热轧钢板时最大咬入角为 $15° \sim 22°$，低速咬入有利于改善咬入条件，故可取 $\alpha = 20°$，则最大压下量为

$$\Delta h_{max} = 930(1 - \cos 20°) = 55mm$$

均大于压下规程表中各道压下量，故咬入不成问题。

C　确定速度制度

a　确定速度图形式

中厚板生产中，由于轧件较长，为方便操作，采用梯形速度图。

b　选择各道咬入、抛出转速、限定转速

由于咬入能力很富余，加之速度高有利于轴承油膜的形成，故采用稳定速度咬入。结合现场经验，对 1、3、4 道（2 道空过），取 $n_y = n_d = 20r/min$；5、6、7、8 道，取 $n_y = n_d = 30r/min$；9、10、11 道，取 $n_y = n_d = 60r/min$。为了减少空转时间，取 1 ~ 10 道 $n_p = 20r/min$；第 11 道由于与下一板坯第一道轧辊转向相同，轧辊不需反转而只需调整辊缝即可，故取 $n_{p11} = n_d = 60r/min$。

c　计算各道纯轧时间

第 1 道：由于轧件是在稳定转速下咬入、轧制、抛出的，即整个轧制过程中转速不变，故 $t_{zh1} = l_1 / \dfrac{\pi D n_{d1}}{60} = 3.1s$。

第 2 道空过。

第 3、4 道次：计算方法同第 1 道，计算结果列于压下规程表 3-2 中。

第 5 道：其纯轧时间包括稳定轧制时间和减速轧制时间。

$$t_{zh5} = \frac{1}{n_{d5}}\left[\frac{60l_5}{\pi D} + \frac{n_{y5}^2}{2a} + \frac{n_{y5}^2}{2b} - \frac{(a+b)n_{d5}^2}{2ab}\right] + \frac{n_{d5} - n_{p3}}{b} = 2.4s$$

第 6~11 道：计算方法与第 5 道类同。计算结果列于压下规程表 3-2 中。

d　确定各道间隙时间

根据经验资料，在四辊轧机上往返轧制过程中，不用推床定心（$l<3.5\mathrm{m}$）时，取 $t_j =$ 2.5s；若用推床定心，则当 $l\leqslant 8\mathrm{m}$ 时，取 $t_j =6\mathrm{s}$，当 $l>8\mathrm{m}$ 时，取 $t_j =4\mathrm{s}$。各道间隙时间取值如压下规程表 3-2 所示。

由于要保证横轧开始温度为 1120℃，即第一道纵轧开始到第三道横轧开始时的温降为 $1200-1120=80℃$，所需时间可根据温降公式计算如下：

$$t_{j\Sigma} = \frac{80\times 95}{12.9\times\left(\dfrac{273+1200}{1000}\right)^{4}} = 125.1\mathrm{s}$$

则第一道轧完到第三道横轧开始（第二空过）的间隔时间为

$$125.1 - 3.1 = 122\mathrm{s}$$

e　绘制速度制度图（见图 3-10）。

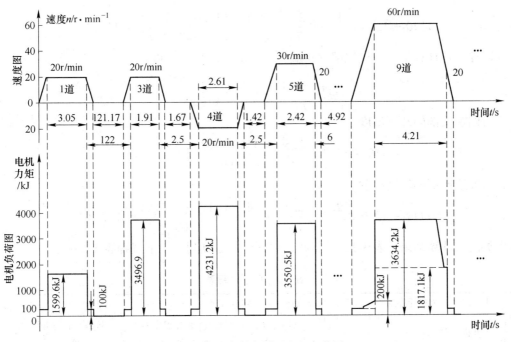

图 3-10　速度制度图及电机负荷图

D　校核轧机

a　计算各道轧制温度

要计算各道次轧制温度，首先必须计算各道次的温度降：

$$\Delta t = 12.9\times\frac{z}{h}\times\left(\frac{T_1}{1000}\right)^{4}$$

式中　Δt——相邻两道次间的温度降；℃；

　　　　h——前一道轧出厚度，mm；

　　　　T_1——前一道轧制温度，K；

z——前后两道间的时间间隔，s。

则每道次的轧制温度为：$T_1 - \Delta t℃$。

另外，由于轧件头部和尾部温度降不同，为设备安全着想，确定各道温度降时应以尾部（因尾部轧制温度比头部低）为准。具体计算如下：

第一道头部轧制温度为 1200℃，尾部轧制温度为 $1200 - \Delta t$，即

$$1200 - 12.9 \times \frac{z}{h} \times \left(\frac{T_1}{1000}\right)^4 = 1200, \quad 12.9 \times \frac{3.1}{120} \times \left(\frac{1200 + 273}{1000}\right)^4 \approx 1198℃$$

第三道（即横轧第一道）头部（A 端）轧制温度为 1120℃，尾部（B 端）轧制温度为

$$1120 - 12.9 \times \frac{z}{h} \times \left(\frac{T_1}{1000}\right)^4 = 1120, \quad 12.9 \times \frac{1.9}{95} \times \left(\frac{1120 + 273}{1000}\right)^4 = 1119℃$$

由于是可逆轧制，故第四道尾部即为第三道的头部，因此第四道尾部（A 端）轧制温度为

$$1120 - 12.9 \times \frac{1.9 + 2.5 + 2.6}{75} \times \left(\frac{1120 + 273}{1000}\right)^4 \approx 1115℃$$

同理，可计算第五道次尾部（B 端，第四道头部）的温度：

$$1119 - 12.9 \times \frac{z}{h} \times \left(\frac{T_1}{1000}\right)^4$$

第四道头部的轧制温度

$$1119 - 12.9 \times \frac{2.5}{75} \times \left(\frac{1119 + 273}{1000}\right)^4 \approx 1117℃$$

则，第五道尾部的轧制温度

$$1117 - 12.9 \times \frac{2.6 + 2.5 + 2.4}{55} \times \left(\frac{1117 + 273}{1000}\right)^4 \approx 1111℃$$

其余类同。计算结果见表 3-1，并将各道尾部轧制温度列入压下规程表 3-2 中。

表 3-2　压下规程表

道次	轧制方法	轧机	轧件尺寸/mm			压下量 Δh /mm	稳定转速 n_d /r·min⁻¹	抛出转速 n_p /r·min⁻¹	纯轧时间 t_{zh} /s	间隙时间/s				轧制温度 T /℃	变形程度 ε /%	变形速度 /s⁻¹	变形抗力 K /MPa	变形区长度 l /mm	平均单位压力 /MPa	轧制压力 P /kN	总力矩 M /kJ
			h	b	l					总间隙时间 t_i	空载减速时间	空载加速时间	间隔时间 t_0								
0	除鳞	除鳞箱	120	1600	2400																
I	轧边	立辊	120	1550	2477.4	50															
1	纵轧	四辊	95	1550	3129.4	25	20	20	3.05	122.000	0.333	0.5	191.17	1198	20.8	2.2	59.9	111	71.8	12353	1599.6
2								空过，回转 90°													
3	横轧	四辊	75	3129	1963.3	20	20	20	1.91	2.5	0.333	0.5	1.667	1119	21.1	2.4	79.6	99	100.9	31256	3496.9
4	横轧	四辊	55	3129	2677.3	20	20	20	2.61	2.5	0.333	0.75	1.417	1115	26.7	3.2	81.5	99	122.7	38009	4231.2
5	横轧	四辊	40	3129	3681.3	15	30	20	2.42		0.333	0.75	4.917	1111	27.3	5.7	91.5	85.7	135.1	36355	3550.5
6	横轧	四辊	30	3129	4908.3	10	30	20	3.22	6	0.333	0.75	4.917	1099	25.0	6.3	95	70	145.3	31825	2580.8

道次	轧制方法	轧机	轧件尺寸/mm			压下量 Δh /mm	稳定转速 n_d /r·min^{-1}	抛出转速 n_p /r·min^{-1}	纯轧时间 t_{zh} /s	间隙时间/s				轧制温度 T /℃	变形程度 ε /%	变形速度 /s^{-1}	变形抗力 K /MPa	变形区长度 l /mm	平均单位压力 K /MPa	轧制压力 P /kN	总力矩 M /kJ
			h	b	l					总间隙时间 t_i	空载减速时间	空载加速时间	间隔时间 t_0								
7	横轧	四辊	22	3129	6693.2	8	30	20	4.38	6	0.333	0.75	4.917	1083	26.7	7.6	98.3	62.6	174.5	34399	2526.2
8	横轧	四辊	16	3129	9203.1	6	30	20	6.01	4	0.333	1.5	2.167	1057	27.3	9.0	109.4	54.2	221.8	37477	2385.8
9	横轧	四辊	12	3129	12271	4	60	20	4.21	4	0.333	1.5	2.167	1034	25.0	19.9	128.7	44.3	247.5	34075	3634.2
10	横轧	四辊	9	3129	16361	3	60	20	5.54	4	0.333	1.5	2.167	1002	25.0	22.9	136.6	38.3	250.7	29809	2528.1
11	横轧	四辊	8	3129	18406	1	60	60	5.98	1				959	11.1	16.4	128.4	22.1	212.0	14594	990.2

b　计算各道变形程度

变形程度　　$\varepsilon = \dfrac{\Delta h}{H} \times 100\%$

第一道：　$\varepsilon_1 = \dfrac{\Delta h_1}{H_1} \times 100\% = \dfrac{25}{120} \approx 20.8\%$

第三道：　$\varepsilon_3 = \dfrac{\Delta h_3}{H_3} \times 100\% = \dfrac{20}{95} \approx 21.1\%$

其余类同。计算结果列于表 3-3 中。

表 3-3　各道次温度值

道　次	纯轧时间/s	间隙时间/s	轧件厚度/mm	轧制温度/℃		备　注
				B 端	A 端	
0			120			
1	3.1	122	95	1198	1200	
3	1.9	2.5	75	1119	1120	A 头 B 尾
4	2.6	2.5	55	1117	1115	B 头 A 尾
5	2.4	6.0	40	1111	1113	A 头 B 尾
6	3.2	6.0	30	1104	1099	B 头 A 尾
7	4.4	6.0	22	1083	1090	A 头 B 尾
8	6.0	4.0	16	1071	1057	B 头 A 尾
9	4.2	4.0	12	1034	1047	A 头 B 尾
10	5.5	4.0	9	1021	1002	B 头 A 尾
11	6.0		8	959	987	A 头 B 尾

c　计算各道平均变形速度

轧制板带钢时平均变形速度　　　　　　　　$\bar{\varepsilon} = \dfrac{2v\sqrt{\Delta h / R}}{H + h}$

式中，v 为轧制速度，对于变速轧制的可逆轧机可取最大轧制速度。由此计算得：

$$\overline{\varepsilon} = \frac{2 \times 3.14 \times 980 \times 20 \times \sqrt{\dfrac{25}{490}}}{60(120 + 95)} \approx 2.2\text{s}^{-1}$$

其余类同。计算结果列于压下规程表 3-2 中。

　　d　确定各道变形抗力

　　变形抗力的确定，可先根据相应道次的变形速度、轧制温度，由该钢种的变形抗力曲线查出变形程度为 30% 时的变形抗力，再经过修正计算即可得出该道次实际变形程度的变形抗力。

　　第一道：$\overline{\varepsilon} = 2.2\text{s}^{-1}$、$t = 1198℃$，查资料得 $\sigma_{s30\%} = 61\text{MPa}$；再由 $\varepsilon = 20.8\%$ 查得修正系数 $K = 0.9816$。所以该道次实际变形抗力为：

$$\sigma_{s1} = K \cdot \sigma_{s30\%} = 0.9816 \times 61 = 59.9\text{MPa}$$

同理可得其余各道次变形抗力，如压下规程表 3-2 和表 3-4 所示。

表 3-4　各道次变形抗力

道次	变形速度 /s^{-1}	变形温度 /℃	$\sigma_{s30\%}$ /MPa	变形程度 ε/%	修正系数 K	变形抗力 σ_s /MPa
1	2.2	1198	61	20.8	0.9816	59.9
3	2.4	1119	81	21.1	0.9822	79.6
4	3.2	1115	82	26.7	0.9934	81.5
5	5.7	1111	92	27.3	0.9946	91.5
6	6.3	1099	96	25.0	0.9900	95.0
7	7.6	1083	99	26.7	0.9934	98.3
8	9.0	1057	110	27.3	0.9946	109.4
9	19.9	1034	130	25.0	0.9900	128.7
10	22.9	1002	138	25.0	0.9900	136.6
11	16.4	959	151	11.1	0.8500	128.4

　　e　计算各道变形区长度

　　变形区长度　　　　　　　　　　$l = \sqrt{R \cdot \Delta h}$

　　第一道：　　　　　　　　　$l_1 = \sqrt{490 \times 25} \approx 111\text{mm}$

其余类同。计算结果列于压下规程表 3-2 中。

　　f　计算各道平均单位压力

　　热轧中厚板生产时，平均单位压力可用西姆斯公式计算：

$$\overline{p} = 1.15\sigma_s \cdot \eta'_\sigma$$

式中　η'_σ——应力状态影响系数，可由美坂佳助公式计算：

$$\eta'_\sigma = \frac{\pi}{4} + 0.25\frac{l}{h}$$

则　　　　$\overline{p}_1 = 1.15 \times 59.9 \times \left(\frac{3.14}{4} + 0.25 \times \frac{111 \times 2}{120 + 95}\right) \approx 71.8\text{MPa}$

同理可得其余道次平均单位压力，如压下规程表 3-2 所示。

g　计算各道总压力

各道次轧制总压力为

第一道：$P_1 = 71.8 \times 1550 \times 111 = 12353\text{kN}$

第二道：$P_2 = 100.9 \times 3129 \times 99 = 31256\text{kN}$

其余类同。计算结果列于压下规程表 3-2 中。

由计算结果看出，最大轧制压力在第四道 $P_4 = 38009\text{kN}$，且 $P_4 < [P]$（$[P] = 42000\text{kN}$），故轧机强度足够。

E　校核电机

a　计算各道轧制力矩

轧制力矩　　　　　　　$M_z = 2P\psi\sqrt{R\Delta h} = 2P\psi l$

式中　ψ——力臂系数，$\psi = 0.4 \sim 0.5$。则

$$M_{z1} = 2 \times 12353 \times 0.5 \times 111 = 1371\text{kJ}$$

同理，可得其他道次轧制力矩如表 3-5 所示。

b　计算各道附加摩擦力矩

附加摩擦力矩由轧辊轴承中的摩擦力矩 M_{m1} 和轧机传动机构中的摩擦力矩 M_{m2} 两部分组成。

（1）M_{m1} 的计算。在四辊轧机上，轧辊轴承中的摩擦力矩由下式计算：

$$M_{m1} = Pfd_z\frac{D_g}{D_z}$$

式中　f——支撑辊轴承的摩擦系数，取 $f = 0.005$（油膜轴承）；

　　　d_z——支撑辊辊颈直径，$d_z = 1300\text{mm}$（已知）；

D_g，D_z——工作辊和支撑辊辊身直径，分别为 980mm 和 1800mm。

则　　　　　　$$M_{m11} = 12353 \times 0.005 \times 1300 \times \frac{980}{1800} = 43.7\text{kJ}$$

$$M_{m12} = 31256 \times 0.005 \times 1300 \times \frac{980}{1800} = 110.6\text{kJ}$$

其余类同。计算结果列于表 3-5 中。

（2）M_{m2} 的计算。轧机传动机构中的摩擦力矩 M_{m2} 由联接轴、齿轮机座、减速机和主电机联轴器等四个方面的附加摩擦力矩组成，可按下式计算：

$$M_{m2} = \left(\frac{1}{\eta} - 1\right)\frac{M_z + M_{m1}}{i}$$

式中　η——由电机到轧辊的总传动效率，为各传动部分传动效率的乘积。此处由于轧机
　　　　　无减速机和齿轮座（由两台电机分别传动上、下轧辊），故其等于万向接轴
　　　　　的传动效率。又因其万向接轴的倾角≥3°，故可取 $\eta = 0.94$；

　　　i——由电机到轧辊的总传动比，由于采用直流电机，故 $i = 1$。

计算如下：

$$M_{m21} = \left(\frac{1}{0.94} - 1\right) \times (M_{z1} + M_{f11}) \approx 0.06 \times (1371 + 43.7) = 84.9\text{kJ}$$

$$M_{m22} = 0.06 \times (3094 + 110.6) = 192.3\text{kJ}$$

其余类同。计算结果列于表 3-5 中。

（3）计算附加摩擦力矩 M_m

$$M_{m1} = 43.7 + 84.9 = 128.6\text{kJ}$$
$$M_{m2} = 110.6 + 192.3 = 302.9\text{kJ}$$

同理，可确定其他道次的附加摩擦力矩，如表 3-5 所示。

表 3-5　电机力矩

道次	变形区长度 l/mm	轧制压力 P/kN	轧制力矩 M_z/kJ	附加摩擦力矩/kJ M_{m1}	M_{m2}	M_m	空转力矩 M_K/kJ	总力矩 M /kJ	修正后的总力矩 M'/kJ
1	111	12353	1371	43.7	84.9	128.6	100	1599.6	
3	99	31256	3094	110.6	192.3	302.9	100	3496.9	
4	99	38009	3763	134.5	233.8	368.4	100	4231.2	
5	86	36355	3127	128.7	195.3	324.0	100	3550.5	
6	70	31825	2228	112.6	140.4	253.0	100	2580.8	
7	63	34399	2167	121.7	137.3	259.1	100	2526.2	
8	54	37477	2024	132.6	129.4	262.0	100	2385.8	
9	44	34075	1499	120.6	97.2	217.8	100	1817.1	3634.2
10	38	29809	1133	105.5	74.3	179.8	100	1412.5	2825.1
11	22	14594	321	51.6	22.4	74.0	100	495.1	990.2

　　c　计算空转力矩

轧机空转力矩 M_K 根据实际资料可为电机额定力矩的（3~6）%，即：

$$M_K = (3 \sim 6)\% \times 975 \times \frac{N}{n} = (3 \sim 6)\% \times 975 \times \frac{2 \times 4600}{30} = 90 \sim 179\text{kJ}$$

取 $M_K = 100\text{kJ}$。

　　d　计算动力矩

当轧辊转速发生变化时要产生动力矩。此处由于采用稳定速度咬入，即咬钢后并不加速，而减速阶段的动力矩使电机输出力矩减小。故在计算最大电机力矩时都可以忽略不计。

　　e　确定各道总传动力矩

由以上分析和计算知，各道总传动力矩 $M = M_z + M_m + M_K$。则：

$$M_1 = 1371 + 128.6 + 100 = 1599.6\text{kJ}$$
$$M_2 = 3094 + 302.9 + 100 = 3496.9\text{kJ}$$

其余类同。列于表 3-5 中。

　　f　绘制电机负荷图

表示电机传动力矩（负荷）随时间而变化的图示即为电机负荷图。当轧机转速 n 大于电机额定转速 n_H 时，电机将在弱磁状态下工作，此时在相应阶段的传动力矩值应当按 $M' = M \cdot \dfrac{n}{n_H}$ 修正。修正后的传动力矩如表 3-4 所示。

根据以上分析和计算绘制的电机负荷图，如图 3-11 所示。

由表 3-4 及电机负荷图可以看出，电机最大输出力矩为 4231.2kJ，小于电机最大允许力矩 2 × 2240kJ，所以电机能力足够。

【任务实施】

粗 轧 操 作

A　粗轧除鳞操作

a　粗轧机机架除鳞

当成品钢板厚度>14mm 时，奇道次均要求除鳞；当成品钢板厚度≤14mm 时，至少保证两道除鳞，且第一道次必须除鳞。

b　精轧机机架除鳞

对于热轧钢板，成品厚度≥20mm 的钢板，至少保证三道次除鳞；成品厚度>14mm 且<20mm 的钢板，至少保证两道次除鳞；成品厚度≤14mm 的钢板，至少保证一道次除鳞。全部钢板第一道次必须除鳞，其他除鳞道次可根据钢板实际板型情况来选择。

对于控轧的钢板，至少保证两道次除鳞，且第一道次必须除鳞，其他除鳞道次可根据钢板实际板型情况来选择。

（1）当钢坯出钢温度过高时（特别是与薄规格钢板相邻的钢坯），要增加粗精轧机架除鳞道次，对于≥20mm 的控温及热轧钢板，粗轧与精轧奇道次均需要除鳞，同时根据钢坯温度及表面质量，粗轧偶道次也需要适当除鳞。

（2）在正常生产情况下，机架除鳞压力不得低于 20MPa，压力值以轧机主画面显示数值为准，如低于 20MPa，停车通知相关部门进行处理，待恢复后方可开车。

（3）机架除鳞喷嘴检查。轧机停车换辊时，机修和轧钢人员需对机架除鳞喷嘴进行检查，并且及时将检查结果通知调度室。当发现问题时机修人员负责修复和更换。

调度室人员在每次换辊时，应督促、监督机修和轧钢人员对轧机机架除鳞喷嘴进行检查，并将每次的检查结果记录在交接班记录本上。

由于生产或设备原因造成不能正常除鳞的钢板，轧钢要做好记录，并通知调度室，调度室联系精整对这些钢板进行仔细检查，对不能确定的，要送热处理进行抛丸。

换辊及轧机的调整方法如下：

1）换辊方法。利用牵引台车将旧辊拉出，整个台架横向移动一个必要的距离，使预先吊放在台架上的一对新工作辊移向并对准牌坊窗口，再用液压推拉缸将新工作辊推入预定位置。

2）轧辊标高及水平度调整。

下工作辊辊面标高的调整（高出机架辊 15～20mm）：利用一般常用的计算公式得出所垫的阶梯垫块数 = 1 + {[（2100－下支撑辊实际直径）/2] +（1150－下工作辊实际直径）}/16。

上辊水平度调整：抬起上工作辊，在辊缝两侧距辊身端部 100mm 处放入直径 5～8mm 的低碳钢或铅块，缓慢下压使上辊压至 3～5mm 后抬起上辊进行测量，两者之差不得大于 0.5mm，否则要打开电磁离合器，单独调整压下螺丝。

B　轧辊装配与维护

a　轧辊管理

（1）轧辊应按图纸和技术条件进行验收，不经检验的轧辊原则上不得使用，特殊情况按生产技术科通知执行。

（2）新轧辊必须做好辊号标记，建立有关记录，无号的轧辊不得使用。

（3）检验合格的轧辊，辊身及辊头必须涂油保护。

（4）轧辊的磨削按工艺要求或轧辊的使用后的实际情况进行磨削，并做好磨削记录。

（5）轧辊吊运安装时不得与硬物相撞。

（6）拆下来的轧辊应放在枕木上，不允许随地堆放。

b　轧辊装配

（1）工作辊安装及装配。

1）工作辊安装步骤。将工作辊辊颈清洗干净→放到安装托架上→将肩环加热（大约100℃，5~6min）→由天车吊装于工作辊辊颈部安装（注：传动侧操作侧安装相同）→经透光检查后自然冷却→将两组工作辊轴承内套加热（大约90℃，3~4min）→由天车吊装于工作辊轴承颈部安装（注：传动侧操作侧相同）→经透光检查后自然冷却→将操作侧间环加热（大约100~120℃，5~7min）→吊装至工作辊辊颈部安装→将传动侧间环加热（大约70~80℃，3~4min）→吊装至工作辊辊颈部安装→经透光检查后自然冷却→安装完毕后对安装部件进行清洁处理。

2）工作辊轴承座安装步骤。将工作辊轴承座内孔清洗干净→吊装至安装场地垫平（注：安装四列圆柱轴承侧内孔向上）→将注油孔用压缩空气吹扫→使用内径千分尺检测轴承座内孔是否符合图纸尺寸要求→将轴承挡圈装入轴承座内孔→将两列轴承连同轴承外套一同吊装至轴承座内孔（注：如需击打使用铜棒或铜锤）→将注油环装入轴承座内孔→再装最后两列圆柱轴承吊装至轴承座内孔→将轴承挡圈装入轴承座内孔→将四列圆柱轴承压盖吊装至轴承座安装端面→用M24×100内六角螺丝紧固（大约750N/M）→装密封圈安装至压盖密封槽内（注：密封圈传动侧操作侧相同）→装密封圈压盖吊装至压盖端面→用M16×60内六角螺栓紧固（大约600N/M）→装挡水密封圈安装在密封压盖端面的槽内→用压缩空气将轴承内壁吹扫干净→由天车将轴承座翻转→清洗轴承座内孔→用压缩空气将注油孔吹扫干净→将止推轴承吊装至轴承座孔内→将止推锁紧内套放到止推轴承上端→用压缩空气吹扫止推轴承间隙及止推锁紧→将止推压盖吊装至轴承座止推侧端面→用M42×160螺栓紧固（3000N/M）→用塞尺测量止推压盖与轴承座端面间隙→用0.5mm、0.75mm、1mm铁垫片组合至间隙量尺寸→打开止推端盖加入垫片组→重新用螺栓紧固→用塞尺进行检测间隙量（注：间隙≤0.02mm即可）→将止推侧密封圈装入压盖密封槽内→将止推端密封压盖安装在压盖上→用M12×40螺钉紧固→将止推锁紧外套紧固止推锁紧内套上至同一水平→将安装好的轴承座由天车翻转至使用方向→安装注油嘴→加油（注：加油时一定要等到轴承座安装到工作辊辊颈上方可充分加油）。

3）工作辊轴承座滑板及附件安装。将工作辊轴承座滑板贴于轴承座两侧→用M16×40外六角螺栓紧固（大约500~750N/M）→将工作辊操作侧止推装置滑板用定位销固定在止推装置上→用M16×100内六角螺栓紧固。

4）附件安装。将上工作辊护板垫块安装至上工作辊轴承座护板槽内→用M16×100内六角螺栓紧固→将下工作辊护板球面垫块放置到下工作辊护板槽内→将连接块安装至下工作辊轴承座连接块定位槽内→用 M36×180 螺栓紧固（大约 3000N/M）→将下工作辊轴承座操作侧翻转（注：止推端向上）→将连接钩吊装于轴承座安装处→用 M36×160 螺栓紧固（大约 3000N/M）→再用天车将轴承座翻转至使用位置→将走轮轴用干冰冷冻（注：冷冻大约 3~4h）→将轴装入轴承座轴孔内（注：使用专用工具）→自然回复常温→安装走轮外挡盖→防水挡盖→轴承→将轴承外套（注：两侧轴承外套）安装到走轮套内→将走轮套及轴承外套同时安装在轴承上→轴承→安装防水挡盖→外挡盖→将油杯式注油嘴紧固在走轮轴上→将压盖安装在外挡盖→使用 M8×30 螺钉紧固→加油 [注：加油同时转动走轮以便完全润滑→将上工作辊定位销使用干冰冷冻（注：大约 2~3h）→取出安装在下工作辊轴承座定位销孔内自然回复常温]。

5）上工作辊装配。将工作辊轴承座使用天车翻至工作位置→使用天车将上工作辊轴承座传动侧吊至拆装机南侧拆装拖车上→使用天车将上工作辊轴承座操作侧吊至拆装机北侧拆装拖车上→使用天车将组装好的工作辊吊至拆装平台托架位置→拆装机电源柜合闸→在拆装机操作面板上将泵启动按钮按下→泵启动后 1min 后进行操作→南侧拆装拖车升降起到相应高度→拖车伸出套入轧辊→套入后检查止推环是否完全进入卡环槽内侧→拖车下降→拖车缩回至中途→操作工上到拖车上检查止推环键槽是否与轧辊键槽一致（如两键槽交错用撬棍撬一致）→将阶梯键装入键槽→北侧拆装拖车升降起到相应高度→拖车伸出套入轧辊→套入后检查止推环是否完全进入卡环槽内侧→拖车下降→拖车缩回至中途→操作工上到拖车上检查止推环键槽是否与轧辊键槽一致（如两键槽交错用撬棍撬一致）→将阶梯键装入键槽→将套好的轧辊吊下拆装机至上辊装配托架→使用 M20 吊点将操作侧卡环吊装至卡环槽内→紧固卡环螺丝→使用撬棍逆时针撬动止推环锁紧螺母→操作员站到托架上检查锁紧母键槽与卡环键槽是否一致→将键装上使用（M16×30 螺丝固定）→使用 M20 吊点将传动侧卡环吊装至卡环槽内→紧固卡环螺丝→使用撬棍逆时针撬动止推环锁紧螺母→操作员站到托架上检查锁紧母键槽与卡环键槽是否一致→将键装上使用（M16×30 螺丝固定）→将东侧上工作辊护板吊至轧辊中间位置，两名操作员扶住两端天车升起护板，进入护板槽内至中途加调整垫→天车升起至调整垫夹严→安装梢行垫块和垫片（使用 M24×70 螺丝紧固）→将护板上下垫块挡块安装→将西侧上工作辊护板吊至轧辊中间位置，两名操作员扶住两端天车升起护板，进入护板槽内至中途加调整垫→天车升起至调整垫夹严→安装梢行垫块和垫片（使用 M24×70 螺丝紧固）→将护板上下垫块挡块安装。

6）下工作辊装配。将工作辊轴承座使用天车翻至工作位置→使用天车将下工作辊轴承座传动侧吊至拆装机南侧拆装拖车上→使用天车将下工作辊轴承座操作侧吊至拆装机北侧拆装拖车上→使用天车将组装好的工作辊吊至拆装平台托架位置→拆装机电源柜合闸→在拆装机操作面板上将泵启动按钮按下→泵启动后 1min 后进行操作→南侧拆装拖车升降起到相应高度→拖车伸出套入轧辊→套入后检查止推环是否完全进入卡环槽内侧→拖车下降→拖车缩回至中途→操作工上到拖车上检查止推环键槽是否与轧辊键槽一致（如两键槽交错用撬棍撬一致）→将阶梯键装入键槽→北侧拆装拖车升降起到相应高度→拖车伸出套入轧辊→套入后检查止推环是否完全进入卡环槽内侧→拖车下降→拖车缩回至中途→操作工上到拖车上检查止推环键槽是否与轧辊键槽一致（如两键槽交错用撬棍撬一致）→将阶梯键装入键槽→将套好的轧辊吊下拆装机至上辊装配托架→使用 M20 吊点将操作侧卡环吊装至卡环槽内→紧固卡环螺丝→使用撬棍逆时针撬动止推环锁紧螺母→操作员站到托架上检查锁紧母键槽与卡环键槽是否一致→将键装上使用（M16×30 螺丝固定）→使用 M20 吊点将传动侧卡环吊装至卡环槽内→紧固卡环螺丝→使用撬棍逆时针撬动止推环锁紧螺母→操作员站到托架上，检查锁紧母键槽与卡环键槽是否一致→将键装上使用（M16×30 螺丝固定）→吊装东侧刮水板之下工作辊连接块上→安装两端圆柱套筒螺栓垫块→调整刮水板间隙→M36 螺栓紧固→安装两端刮水板挡块→吊装西侧刮水板之下工作辊连接块上→安装两端圆柱套筒螺栓垫块→调整刮水板间隙→M36 螺栓紧固→安装两端刮水板挡块→吊装下工作辊东侧护板至护板槽→护板槽内两端加相应垫片，调整护板间隙吊装下工作辊东侧护板至护板槽→护板槽内两端加相应垫片调整护板间隙。

（2）支撑辊装配。

1）油膜轴承安装步骤。翻转轴承座至内孔垂直向上→底部垫木块→用内径千分尺检查内孔尺寸是否符合图纸设计要求→清洗内孔油孔→检查修整止口→检查修整内孔边口处磕碰→各油孔油槽洗净用 0.5MPa 压缩空气吹各槽孔（注：油槽用白布擦抹视觉无污迹）→内孔充分抹油→衬套清洗检查选择承载区（注：各部位用白布擦抹视觉无污迹）→外圆内孔充分抹油→用吊具将衬套缓慢小心装入轴承座内孔，确认承载区方向，对正衬套销位置（注：目测衬套吊平，衬套整体落入轴承座后不要大范围转动衬套，以免划伤外表面）→安装衬套销 O 形圈→使用 M20×60 螺钉紧固（注：200N/M）→检查清洗锥套→外圆内孔充分抹油→吊装锥套确认起吊水平→确认正确装入后转动锥套使锥套内键保持水平→将键方向放置在水平方向→清洗锥套环→充分抹油→吊装到锥套上与键位吻合→锥套环内键于轴承座上方→清洗止推端盖→安装 O 形圈→吊装到轴承座上→使用 M36 螺栓紧固（1200~1500N/M）→将压缩弹簧安装到止推侧端盖孔内→滚动轴承充分抹油→将滚动轴承装入止推侧端盖内→吊装轴承压盖（注：STOP 向上）→安装弹簧于压盖与轴承之间→使用 M30×50 螺栓紧固（注：400N/M）安装喷油螺钉→安装块换接头于喷油螺钉上→清洗液压锁紧→吊装对正内孔进回油嘴处于水平→清洗端帽总成→安装 O 形圈→吊装端帽总成到止推侧端盖上→使用 M42 螺栓紧固（注：2000N/M）安装止口密封 O 形圈（注：两种分外口内口）→吊至翻转机翻转 90°→清洗密封挡板→安装密封挡板 O 形圈→吊装密封挡板至轴承座上→用 M16 螺栓紧固（注：500N/M）→将轴颈密封圈安装到密封挡板上→安装密封内圈到辊颈密封圈上→安装水封于密封挡板上→使用铜螺钉紧固（注：80N/M 水封外侧的定位钢带应装入密封挡板的定位槽内）。

2）支撑辊装配。将轴承座吊至支撑辊拆装机上→吊运支撑辊之拆装机上→清洗支撑辊辊颈（注：油槽用白布擦抹视觉无污迹）→清洗锥套内孔→水封与密封内圈之间均匀涂抹甘油→辊颈充分抹油→拆装机电源合闸→泵启动一分钟后拆装机升降将支撑辊升至相应高度→拖板伸出→作业人员站在拖板上，通过液压缩紧装置孔内观测支撑辊高度→操作人员慢慢将拖板伸出使轴承座套入支撑辊辊颈→使用撬棍将液压缩紧装置卡爪与支撑辊卡爪卡紧→将液压小车加压油管连接关于液压缩紧装置连接→打压至 1250PSI（145PSI＝1MPa）→液压缩紧锁母锁紧并对好螺栓孔→安装锁紧楔→使用改制螺丝紧固并对准卡子孔→安装卡子→关闭端帽紧固端帽螺栓。

c　轴承的检查与维修

（1）轴承每次从轧辊卸下后，应检查轴承座回油孔是否干净，如发现混入杂质（如巴氏合金瓦碎片）等全面解体检查，如无异常，则不必解体，可继续使用。

（2）轴承从轧辊卸下后，应把脚型密封拆下进行检查，并检查水封、铝环、密封盖磨损情况，损坏的予以更换。

（3）正常情况下，半年一次，对所用轴承全面解体，检查清洗一次，并测量相应衬套、锥套之间的间隙。安装时，把衬套转180°，即换一个工作区再用，衬套损坏严重的予以报废（可到厂家修复）。检修后的轴承座用洗料清洗，后用压缩空气吹扫所有死角。

d　轧辊使用与维护

（1）开轧前辊颈与辊身必须先给冷却水，进行空试车。冷却轧辊的冷却水管，其水嘴应畅通无阻，冷却水应均匀，保证辊身温度均匀，最高不超过60℃，上下工作辊温差不大于30℃。

（2）大换辊（或检修）后，开轧2~4h内应慢速轧制，并适当使用辊身冷却水。

（3）停轧时间>20min时，轧辊必须先爬行10min后，再适当减少辊身冷却水，最后关闭冷却水。

（4）短时间停轧（<10min），轧辊必须爬行，不要关闭辊身冷却水。

（5）在轧制过程中，出现卡钢或跳闸、夹钢时，应立即关闭辊身冷却水，待轧件退出后，轧辊空转到辊身温度低于60℃时，再由小到大缓慢加大冷却水量，恢复轧钢。

（6）严禁轧制被高压水局部浇冷或有黑头的钢坯；低于开轧温度或温度严重不均的钢坯不准轧制。

（7）在轧制过程中，如发现辊身表面有缺陷时，应立即停轧进行检查，处理或换辊后方能轧钢。

e　轧辊磨削

（1）检查被加工轧辊的缺陷，如缺陷超标由专业技术人员决定其磨削量。

（2）每次拆卸下来的旧辊，必须进行测量，并做好记录。

（3）轧辊按工艺要求进行磨削。

（4）磨削完毕的轧辊，必须在机床上进行表面检查，测量辊型及直径等，并在轧辊上进行标注。

（5）必须维护好机床，经常保持其正常运行及机床清洁，随时检查润滑系统，及时加润滑油。

C　粗轧机操作

（1）开轧前应详细了解生产作业计划，并根据钢种、规格等情况控制辊身冷却水大小，开机前先鸣笛半分钟。

（2）轧制时，先开压下调整好辊缝，再转动轧辊，然后送钢、轧制。速度制度遵循低速咬入、高速轧制、低速抛出的原则。

（3）在正常情况下，钢板未出轧辊时，轧辊不得反转，也不准改变压下量。发生夹钢时，应将钢退出，视情况重新轧制，但当钢坯出现明显黑印或黑头后，不得重新轧制。

（4）粗轧机单机生产时，要根据钢种、厚度、宽度、板形、加热温度等情况，合理分配道次压下量，合理选择轧制方式。

（5）双机生产时，要根据精轧机选择的中间坯厚度进行轧制，并注意控制轧制节奏。

（6）严禁轧制低温钢。

（7）当轧件温度有所降低时，应相应降低轧制速度，或手动操作增加轧制道次。

（8）正常生产时，前一张钢板最后一道未出轧机前，第二块坯不得进入机前辊道，两张板之间的轧制间隙时间应大于 2s。

（9）轧完后的钢板前端不得翘头，偶尔产生必须用平整道次予以消除。

（10）要控制好道次间的高压水除鳞，一般第 1 道次喷一次，每次转钢时喷一次，最后 2~3 道次喷一次，要控制轧件道次间温度，注意节约用水；根据钢板除鳞后的效果，及时调整除鳞道次，以保证除鳞后钢板表面质量。高压水不正常时，应停轧，联系有关部门及时处理。

（11）轧制过程中如发现波浪、瓢曲、镰刀弯等缺陷，应立即停机找出原因，采取措施，消除缺陷。

（12）护板、导卫板脱落和发生机械事故时，应停机处理后，方可重新轧制。

（13）接班、开轧、换辊、变换规格、换压下工时，要人工卡量毛板厚度和宽度，必须连续测量数张，直到符合标准要求。正常轧制时，同一规格钢板一般 3~5 块卡量一次，并及时反馈给压下工，同时根据板型、厚度公差及时调整辊缝。

D　粗轧仿真操作

a　粗轧监控

粗轧监控主界面，即为软件主界面，如图 3-11 所示。粗轧监控主要实现轧钢的实时数据显示和规程的微调。

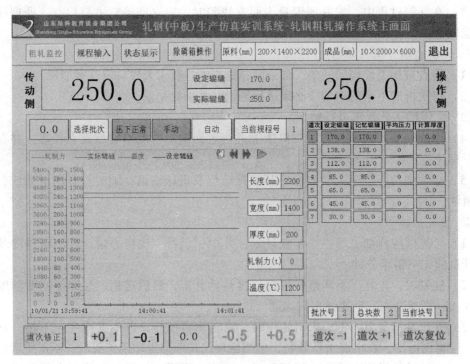

图 3-11　粗轧监控主界面

（1）画面切换。

可以在顶端点击 粗轧监控 、 规程输入 、 状态显示 按钮进行界面之间的切换。

点击 规程输入 按钮，进入规程输入界面，如图 3-12 所示。规程输入页面主要完成规程的选择，调整规程的道次数，调整规程的各个道次的值，使得适合所要轧制的钢块的轧制要求。

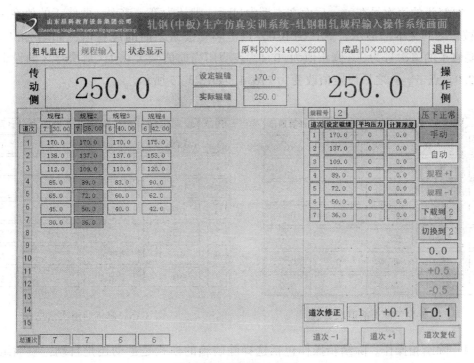

图 3-12　规程输入界面

（2）规程信息。点击 状态显示 ，进入状态显示界面，如图 3-13 所示。

图 3-13　状态显示界面

（3）道次修正。

点击 [道次修正] ，可以修正指定道次的设定辊缝值。修正的道次号可以设定，修正的值可以设定。要修正的道次号在 [道次修正] 后面文本框中显示，默认为第一道次；要修正的值在 [-0.1] 和 [-0.5] 按钮之间文本框显示，默认为 0.0。点击 [道次修正] 按钮之前的规程信息如图 3-14 所示。假定要修正的道次号为 3，修正值为 -0.4，表明用当前值减去 0.4，道次号 3 的设定辊缝为 112.0，点击 [道次修正] 之后设定值改变为 116.4，如图 3-15 所示。

道次	设定辊缝	记忆辊缝	平均压力	计算厚度
1	170.0	170.0	0	0.0
2	138.0	138.0	0	0.0
3	112.0	112.0	0	0.0
4	85.0	85.0	0	0.0
5	65.0	65.0	0	0.0
6	45.0	45.0	0	0.0
7	30.0	30.0	0	0.0

图 3-14　修正前道次信息

道次	设定辊缝	记忆辊缝	平均压力	计算厚度
1	170.0	170.0	0	0.0
2	138.0	138.0	0	0.0
3	111.6	112.0	0	0.0
4	85.0	85.0	0	0.0
5	65.0	65.0	0	0.0
6	45.0	45.0	0	0.0
7	30.0	30.0	0	0.0

图 3-15　修正后道次信息

（4）除鳞箱操作。除鳞箱操作包括选择除磷箱的模式是手动还是自动，喷嘴组号选择，除鳞箱水压设定，除鳞箱打开关闭。默认除鳞方式为自动，两组喷嘴全选中，喷嘴水压均为 21MPa，除鳞箱处于关闭状态。手动，自动模式直接点击单选按钮进行选择，然后点击 [参数确认] 按钮，进行设定确认，设定完之后只有点击 [参数确认] 按钮才设置有效，否则设置无效。点击按钮 [退出] 可以退出除鳞箱操作画面。

除鳞箱操作界面如图 3-16 所示。

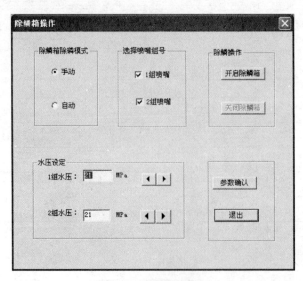

图 3-16　除鳞箱操作

1）喷嘴组号选择。喷嘴组号选择：可以通过点击前方显示对号的表示选中，不想选择的直接点击去掉前方的对钩就可以取消选择相应组的喷嘴。

2）除鳞箱打开关闭。只有在手动模式下才可以进行除磷箱打开、关闭的操作。在手动模式下，当除鳞箱处于打开状态时，关闭除鳞箱 按钮可以使用，开启除鳞箱 按钮不可用；当除鳞箱处于关闭状态时，开启除鳞箱 按钮可用；按钮 开启除鳞箱 和 关闭除鳞箱 点击后，不需要点击 参数确认 按钮进行参数确认，直接生效。

3）除鳞箱水压设定。可以通过点击每组后面的按钮增大或者减小每组的水压，水压范围 0~21MPa，设定完水压后需要点击按钮 参数确认 进行确认。

4）除鳞箱状态显示。除鳞箱的状态在状态显示页面显示，显示除鳞箱的模式：手动或者自动；所选喷嘴组号：1 代表第 1 组选中，2 代表第 2 组选中，假如两组都选中则显示 1 2。水压显示单位为 MPa，分别显示两组的水压为多少 MPa。除鳞箱状态是关闭还是开启。

b 轧制规程输入

规程输入界面主要实现规程的选择和设定。设定规程的道次数，各个道次的设定辊缝值。规程输入界面如图 3-17 所示。

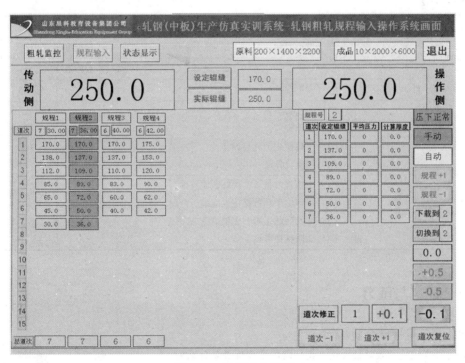

图 3-17 规程输入界面

通过点击按钮 规程+1 、 规程-1 来选择规程。规程的选择类似道次改变。当前规程呈绿色状态显示，同时页面右边显示同一个规程的信息，包括道次号，设定辊缝值，平均压力，计算厚度四项；而且 切换到 和 下载到 后面的文本框中显示当前的规程号， 规程号 后面的文本框也显示当前的规程号。

点击 规程-1 ，若当前规程为第一个规程时，直接当前规程设为最大规程；如果当前规程大于 1，当前规程直接减 1。

点击 规程+1 ，若当前规程小于最大规程时，当前规程直接加 1；如果当前规程为最大规程，点击 规程+1 ，当前规程直接为 1。

c　基本操作流程

登录系统，输入学号身份验证通过后，进入选择批次对话框，选择轧钢的批次。在选择批次对话框中可以弄清所要轧制钢的批次号，原料规格和成品规格，轧制块数。根据原料和成品规格，选择合适的规程，可以对规程进行微调，调整好后可以进行轧制。轧制前，先除鳞箱除鳞。除鳞之后，在机前转滚处进行转钢，将钢块横纵转过来，使用抱床抱正。然后摆好辊缝再转动轧辊，送钢进行轧制。送钢时遵循低速咬入、高速轧制的原则。轧完第二个道次，将钢块转过来，用抱床抱正，继续下一道次的轧制。一个道一个道次的来回进行轧制，直到轧制完成。

【任务总结】

掌握粗轧设备操作的实施过程与注意事项，在工作中树立谨慎务实的工作作风，成为一名合格的粗轧调整工。

【任务评价】

粗轧操作					
开始时间		结束时间		学生签字	
				教师签字	
项　目		技术要求		分值	得分
粗轧操作		(1) 方法得当； (2) 操作规范； (3) 正确使用工具与设备； (4) 团队合作			
任务实施报告单		(1) 书写规范整齐，内容翔实具体； (2) 实训结果和数据记录准确、全面，并能正确分析； (3) 回答问题正确、完整； (4) 团队精神考核			

 思考与练习

3-1-1　粗轧中可能产生的轧制事故有哪些？

3-1-2　如何实现粗轧的效益最大化？粗轧阶段主要任务是什么？

3-1-3　粗轧阶段的各过程是如何实现的？

3-1-4　粗轧阶段的第一道次压下量如何控制？

3-1-5　影响粗轧阶段压下量的主要因素是什么？

3-1-6　粗轧阶段对坯料的展宽又是什么要求？

3-1-7　什么是全纵轧制法？

3-1-8　什么是横–纵轧制法（纵和轧制法）？

3-1-9　什么是角轧-纵轧法？

任务 3.2 　精　　轧

能力目标：

　　熟悉精轧设备的技术参数，会正确执行精轧操作。

知识目标：

　　熟悉精轧操作要点，掌握控制理论及方法。

【任务描述】

　　轧制工序是轧钢过程最重要的环节，精轧阶段的主要任务是质量控制，包括厚度、板形、表面质量、性能控制。通过本任务学习，掌握精轧设备的种类和技术参数及轧钢过程的手段和方法。

【相关资讯】

3.2.1　精轧任务及要求

3.2.1.1　精轧任务

　　精轧阶段的主要任务是质量控制，包括厚度、板形、表面质量、性能控制。轧制的第二阶段粗轧与第三阶段精轧间并无明显的界限。通常把双机座布置的第一台轧机称为粗轧机，第二台轧机称为精轧机。对两架轧机压下量分配上的要求是希望在两架轧机上的轧制节奏尽量相等，这样才能提高轧机的生产能力。一般的经验是在粗轧机上的压下约占80%，在精轧机上约占20%。

　　20 世纪 70 年代后，世界上中厚板生产已从单纯追求产量到更重视产品质量、降低成本、能耗和原材料上来，提高收得率就是达到这一目的的有效手段。对于中厚钢板生产影响收得率的因素中平面形状不良（影响切头、切尾和切边）造成的收得率损失约占收得率损失的49%，占总收得率损失的5%~6%。因此，中厚板生产轧制阶段的任务，就从过去对产品尺寸的一般要求，发展到要使钢板轧后平面形状接近矩形。据统计，日本中厚板收得率从 1970 年80%提高到 1979 年的90.5%，其中60%是靠提高连铸比，40%是靠许多新的轧制方法，其中包括平面形状控制法所取得的。目前，国外先进水平切头、切尾仅为200mm，成材率可大于 96%。而我国的实际切头、切尾为 500~2500mm，成材率为75%~90%。

3.2.1.2　精轧产品要求

A　尺寸精度要求高

　　尺寸精度主要是厚度精度，因为它不仅影响到使用性能及连续自动冲压后步工序，而且在生产中难度最大，厚度偏差对节约金属影响很大。板带钢由于 B/H 很大，厚度一般很小，厚度的微小变化势必引起其使用性能和金属消耗的巨大波动。故在板带钢生产中一般都应力争高精度轧制，力争按负公差轧制（在负偏差范围内轧制，实质上就是对轧制精确度的要求提高了一倍，这样自然要节约大量金属，并且还能使金属结构的重量减轻）。

　　B　板形要好

板形要平坦，无浪形瓢曲，才好使用。对普通中厚板，其每米长度上的瓢曲度不得大于 15mm，优质板不大于 10mm，对普通薄板原则上不大于 20mm。板带钢既宽且薄，对不均匀变形的敏感性特别大，所以要保持良好的板形就很不容易。钢板越薄，其不均匀变形的敏感性越大，保持良好板形的困难也就越大。显然，板形的不良来源于变形的不均，而变形的不均又往往导致厚度的不均，因此板形的好坏往往与厚度精确度也有着直接的关系。

　　C　表面质量要好

板带钢是单位体积的表面积最大的一种钢材，又多用作外围构件，故必须保证表面的质量，无论是厚板或薄板表面皆不得有气泡、结疤、拉裂、刮伤、折叠、裂缝、夹杂和压入氧化铁皮。因为这些缺陷不仅损害钢板的外观，而且往往破坏性能或成为产生裂纹和锈蚀的起源地，成为应力集中的薄弱环节。例如，硅钢片表面的氧化铁皮和表面的光洁度就直接败坏磁性，深冲钢板表面的氧化铁皮会使冲压件表面粗糙甚至开裂，并使冲压工具迅速磨损，至于对不锈钢板等特殊用途的板带，还可提出特殊的技术要求。

　　D　性能要好

钢板的性能要求主要包括力学性能、工艺性能和某些钢板的特殊物理或化学性能，一般结构钢板只要求具备较好的工艺性能。例如，冷弯和焊接性能等，而对力学性能的要求不很严格，对甲类钢钢板，则要保证性能，要求有一定的强度和塑性。对于重要用途的结构钢板，则要求有较好的综合性能，即除开要有良好的工艺性能，甚至除了一定的强度和塑性以外，还要求保证一定的化学成分，保证良好的焊接性能、常温或低温的冲击韧性，或一定的冲压性能、一定的晶粒组织及各向组织的均匀性等。

除了上述各种结构钢板以外，还有各种特殊用途的钢板，如高温合金板、不锈钢板、硅钢片、复合板等，它们或要求特殊的高温性能、低温性能、耐酸耐碱耐腐蚀性能，或要求一定的物理性能如磁性。

3.2.2　中厚板板形控制技术

3.2.2.1　板形的概念

实际上，板形是指成品带钢断面形状和平直度两项指标，断面形状和平直度是两项独立指标，但相互存在着密切关系。

严格来说，板形又可分为视在板形与潜在板形两类。所谓视在板形，就是指在轧后状态下即可用肉眼辨别的板形；潜在板形是在轧制之后不能立即发现，而要在后部加工工序中才会暴露。例如，有时从轧机轧出的板材看起来并无浪瓢，但一经纵剪后，即出现旁弯或者浪皱，于是便称这种轧后板材具有潜在板形缺陷。我们的总目标是要将视在板形或潜在板形都控制在允许的范围之内，而并不仅仅满足于轧后平直即可。

图 3-18 给出了断面厚度分布的实例，轧出的板材断面呈鼓肚形，有时带楔形或其他不规则的形状。这种断面厚差主要来源于不均匀的工作辊缝。如果不考虑轧件在脱离轧辊后所产生的弹性恢复，则可认为，实际的板材断面厚差即等于工作辊缝在板宽范围内的开

口度差。

3.2.2.2　影响辊缝形状的因素

如若忽略轧件本身的弹性变形，钢板横断面的形状和尺寸，取决于轧制时辊缝（工作辊缝）的形状和尺寸，因此造成辊缝变化的因素都会影响钢板横断面的形状和尺寸。影响辊缝形状的因素有如下方面。

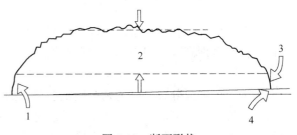

图 3-18　断面形状
1—边部减薄；2—凸度；3—边部减薄；4—楔形

A　轧辊的热膨胀

轧制时高温轧件所传递的热量，由于变形功所转化的热量和摩擦（轧件与轧辊、工作辊与支撑辊）所产生的热量，都会引起轧辊受热而使之温度增高。相反，冷却水、周围空气介质及轧辊所接触的部件，又会散失部分热量而使温度降低。在轧制中沿辊身长度方向上，轧辊的受热和散热条件不同，一般是辊身中部较两侧的温度高，因而辊身由于温度差产生相对热凸度。

对二辊轧机的有效热凸度为

$$\Delta D_t = K\alpha\Delta T_D D$$

对四辊轧机的有效热凸度为

$$\Delta d_t = K\alpha\Delta T_d d$$
$$\Delta D_t = K\alpha\Delta T_D D$$

式中　D，d——轧机的大辊、小辊直径，mm；

ΔT_D——大辊辊身中部与边缘的温差，通常为 $10\sim30℃$；

ΔT_d——小辊辊身中部与边缘的温差，通常为 $30\sim50℃$；

α——膨胀系数，钢轧辊为 $1.3\times10^{-5}/℃$，铸铁辊为 $1.1\times10^{-5}/℃$；

K——约束系数，当轧辊横断面上温度分布均匀时，$K=1$，当轧辊表面温度高于心部温度时，$K=0.9$。

B　轧制力使辊系弯曲和剪切变形（轧辊挠度）

在轧制压力的作用下，轧辊要发生弹性变形，自轧辊水平轴线中点至辊身边缘 $L/2$ 处轴线的弹性位移，称为轧辊的挠度。热轧钢板时当轧件厚度较大，而轧制力不太高时，只考虑轧辊的弹性弯曲，而轧件较薄轧制力又很大时，还要考虑轧辊的弹性压扁。

C　轧辊的磨损

在轧制中工作辊与支撑辊均将逐渐磨损（后者磨损较轻），轧辊磨损则使辊缝形状变得不规则。影响轧辊磨损的主要因素是工作期内实际磨耗量（或轧辊凸度的磨损率，即轧制每张或每吨钢板轧辊凸度的磨损量）以及磨损的分布特点。不同的轧机由于轧制品种、规格及生产次序、批量的不同，磨损规律不一样，在辊型使用和调节时通常使用其统计数据。

D　原始辊型

轧辊磨削加工时所预留的凸度为磨削凸度，又称原始凸度。一般轧机在工作之初总要赋予轧辊一定的凸度，正或负，这样，就可以在原始凸度、热凸度、轧辊挠度的共同作用下，保证一定的辊缝凸度，最终得到良好的板形。

3.2.2.3　普通轧机板形控制方法

对于普通的四辊轧机，常用的板形控制方法有以下几种：设定合理的轧辊凸度，合理的生产安排，合理制定轧制规程，调温控制法。

A　调温控制法

人为地改变辊温分布，以达到控制辊型的目的。对于采用水冷轧辊的钢板热轧机，如发现辊身温度过高，可适当增大轧辊中段或边部冷却水的流量以控制热辊形。相反，如发现辊身温度偏低，可适当减小轧辊中段或边部冷却水的流量以控制热辊形。

调温控制法是生产中常用的辊型调整方法，多半由人工根据料形与厚差的实际情况进行辊温调节的。由于轧辊本身热容量大，升温或降温需要较长的过渡时间，辊型调节的反应很慢，因此，次品多且急冷急热容易损坏轧辊。对于高速轧机，仅仅靠调节辊温来控制辊型是不能很好地满足生产发展的要求。

B　合理生产安排

在一个换辊周期内，一般是按下述原则进行安排，即先轧薄规格，后轧厚规格；先轧宽规格，后轧窄规格；先轧软的，后轧硬的；先轧表面质量要求高的，后轧表面质量要求不高的；先轧比较成熟的品种，后轧难以轧的品种。如某车间，在换上新辊之后，一般是先轧较厚、较窄的成熟品种即烫辊材，以预热轧辊使辊型能进入理想状态。然后，逐渐加宽、减薄（过渡材），当热辊型达到稳定（轧机状态最佳），开始轧制最薄最宽的品种，随着轧机的磨损，又向厚而窄的品种过渡，一直轧到换辊为止。一个换辊周期内产品规格的安排，似如钢锭形，如图 3-19 所示。

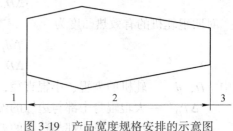

图 3-19　产品宽度规格安排的示意图
1—换辊；2—一个轧制单位；3—换辊

C　设定合理的轧辊凸度

辊型设计的内容包括确定轧辊的总凸度值、总凸度值在一套轧辊上的分配以及确定辊面磨削曲线。

四辊轧机轧辊磨削凸度的分配原则有两种：一种是两个工作辊平均分配磨削凸度，两个支撑辊为圆柱形；另一种为磨削凸度集中在一个工作辊上，其余 3 个轧辊都为圆柱形。后一种方法便于磨削轧辊。

D　合理制定轧制规程

轧制负荷的变化导致了辊缝凸度的变化，为了保证钢板板形良好，生产中必须首先对轧机各道次的负荷进行合理的分配。前面的道次主要考虑轧机强度和电机能力等设备条件的限制，后面道次主要考虑如何得到良好的板形。这种方法制定轧制规程时，一般只考虑到压下量大小（或轧制力）对板形的影响，而未估计到轧制过程中轧辊热膨胀和磨损等变化因素对板形的影响，因而不能保证每一张钢板都得到良好的板形。鉴于此，可以采用动态负荷分配法计算轧机预设定值。在实际计算过程中是根据每一张钢板轧制时的实际状况，从板形条件出发，充分考虑到轧辊辊型的实时变化。因此这一方法尤其适合于生产中经常变换规格的情况，对于新换轧辊或停车时间较长的情形也能很快得到适应，轧出具有良好板形的钢板来。

3.2.2.4　VC 辊、HCW 轧机、CVC 轧机或 PC 轧机对辊型的调节

A　VC 辊

VC 支撑辊带有辊套，内有油槽，用高压油来控制辊套鼓凸的大小以调整辊型。此支撑辊具有较宽范围的板形控制能力，在最大油压 49MPa 时，VC 辊膨胀量为 0.261mm，其构造如图 3-20 所示。

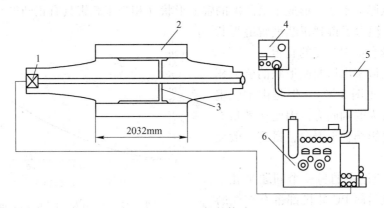

图 3-20　VC 辊的构造

1—回转接头；2—辊套；3—油沟；4—操作盘；5—控制盘；6—油泵

B　CVC 系统

CVC 辊为 Continuously Variable Crown 的缩写，当带有瓶状辊型的工作辊在相对向里或向外抽动时空载辊缝形状将变化。

正向抽动定义为加大辊型凸度的抽动方向。轧辊抽动量一般为 +/-（80~150）mm，CVC 辊的辊型过去采用二次曲线，目前已开始采用高次（含 3 次以及 4 次）曲线以有利于控制更宽更薄的板带。图 3-21 中 CVC 辊型曲线为了示意而被夸大，实际上辊型最大和最小直径之差不超过 1mm，当辊型曲线中最大最小直径差太大时将使轴向力过大而无法应用。工作辊双向抽动不仅用于 CVC 亦可用于平辊，此时主要目的不是用来改变轧辊凸度，而是用来使轧辊得到均匀磨损（特别是带边接触处），这将使同宽度轧制公里数大为提高，因此对连铸连轧生产线十分有用。

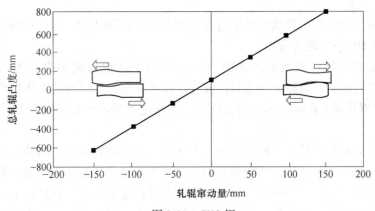

图 3-21　CVC 辊

CVC 辊技术在热轧时仅用于空载时辊缝形状的调节，因此主要用于板形设定模型对辊缝形状的设定，在线控制一般只用弯辊进行，但目前亦在研究当热轧采用润滑油轧制时是否将 CVC 用于在线调节。

C　PC 轧机

PC 轧机为 Pair Cross 的缩写，即上下工作辊（包括支撑辊）轴线有一个交叉角，上下轧辊（平辊）当轴线有交叉角时将形成一个相当于有辊型的辊缝形状。此时，边部厚度变大，中点厚度不变，形成了负凸度的辊缝形状（相当于轧辊具有正凸度）。

因此 PC 辊为了得到正凸度辊缝形状就必须采用带有负辊凸度的轧辊。

轧辊交叉调节出口断面形状的能力相对说比较大（见图 3-22），但是由于轧辊交叉将产生较大的轴向力，因此交叉角不能太大否则将影响轴承寿命，目前一般交叉角不超过 1°。

PC 辊在应用中的另一个问题是轧辊的磨损，为此目前 PC 轧机都带有在线磨辊装置以保持辊缝形状的稳定。

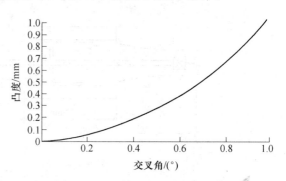

图 3-22　PC 轧机的凸度调节能力

D　HCW 轧机

HCW 为 High Crown Work 的缩写，HCW 为四辊轧机，通过工作辊的抽动来改变与支撑辊的接触长度及改变辊系的弯曲刚度。

HCW 轧机的工作原理和结构也是在传统的四辊轧机的基础上发展起来的，四辊轧机工作辊和支撑辊有效接触长度是不变的，且总是大于轧制带钢的宽度，这使带钢宽度以外的接触部位成为有害接触区，它迫使工作辊承受了支撑辊作用的一个附加弯曲力。由此使工作辊挠度变大而导致带钢板形变坏和边部减薄，也是这个接触面妨碍了工作辊的弯辊作用没得到有效的发挥，这就是四辊轧机横向厚度和板形调节能力较差的根本原因；HCW 轧机改变了工作辊和支撑辊接触应力状态，从根本上克服了有害接触，再配合弯辊装置，HCW 轧机具有很好的板形控制能力，能稳定地轧出良好的板形。

3.2.2.5　弯辊装置对辊型的调节

弯辊装置由于响应快，并能在轧钢过程中调节出口带钢凸度，因此作为一种基本设置与 CVC、PC 或 HC 技术联合应用。

几种常见的液压弯辊类型如图 3-23 所示，分为工作辊弯辊和支撑辊弯辊两种。图 3-23（a）是利用装在工作辊轴承座之间的液压缸使工作辊发生正弯的工作辊弯辊装置，图 3-23（b）是利用装在工作辊轴承座与支撑辊轴承座之间的液压缸使工作辊产生负弯的工作辊弯辊装置。

支撑辊弯辊类型有两种，一种是在上、下两个支撑辊的轴承座之间装入液压缸，同时使上、下支撑辊发生弯曲，这种弯辊装置的弯辊力将转化成轧制负载出现，称为门式支撑辊弯辊装置见图 3-23（c）。图 3-23（d）是梁式支撑辊弯辊装置，它是在上、下支撑辊与其平行的横梁间分别装入液压缸，在液压缸作用下使支撑辊发生弯曲，而不使弯辊力作用到轧机牌坊上，因此弯辊力将不影响轧制负荷，所以对实现 AGC 自动控制有利。

液压弯辊方式的选择，一般的原则是，工作辊辊身长度 L 与直径 D 之比 $L/D<3.5\sim4$ 时，宜采用弯工作辊方式；$L/D>3$ 时，宜采用弯支撑辊方式。

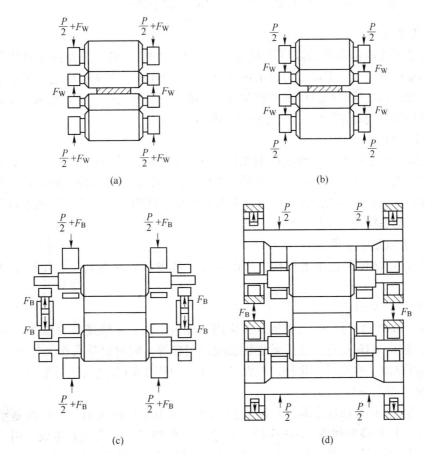

图 3-23　弯辊装置的类型

工作辊弯辊装置比较简单，并可安装在现有轧机上。支撑辊弯辊装置一般认为比工作辊弯辊装置更为有效，但结构复杂，投资大，维修较困难，通常适用于新设计的轧机。

最新的厚板轧机，一般不采用弯辊系统，这是因为通过增加支撑辊直径以及根据钢板尺寸采取足够的轧辊凸度和最佳轧制力分配等措施，可以更简单地获得均匀的厚度和良好的板形。例如，日本新建的三套 5500mm 宽厚板轧机，支撑辊加大到 2400mm，均未设弯辊装置。

3.2.3　液压 AGC 厚度自动控制系统

随着生产的发展，对板带材的厚度要求越来越精确，特别是薄带材、合金钢带材的需用量日益增多，对厚度公差的要求更加严格，表现为要求尽量缩小厚度允许偏差。同时又由于轧制速度越来越高，也要求及时消除轧制过程中的板厚偏差。

自动厚度控制系统（AGC）目前已成为轧制高精度板带材必备技术之一，它在提高成材率，节约原材料以及方便操作等诸方面均发挥了重要作用。系统具有高的响应速度、很高的控制精度、很高的工作可靠性、很完善的系统保护能力及关键故障的诊断能力。该系统完全满足单机架或多机架轧机的厚度控制，系统也可以根据设备的情况和厂方的要求进行功能选项。

3.2.3.1　液压微调自动厚度控制系统（AGC）设备简介

A　液压泵站

液压泵站是液压微调自动厚度控制系统（AGC）的动力源；主要由主液压泵、蓄能器、油箱和辅助液压泵等组成。为保证液压 AGC 系统连续、安全、稳定、可靠工作，液压泵站有完善的污染控制和温度调节控制装置。液压泵站的运行、状态监测、安全连锁保护以及故障报警是通过先进的 PLC 控制和实现的。

B　压下油缸

压下油缸是液压微调自动厚度控制系统（AGC）的执行机构。常安装于支撑辊轴承座和压下螺丝之间。油缸本身装有高分辨率的位移传感器和高精度压力传感器，用来测量辊缝和轧制力变化。油缸密封选用摩擦系数低且恒定、使用寿命长的高性能密封件，以提高油缸的静、动态特性。

C　电动机械压下装置

对电动+液压微调联合压下机构，用电动压下螺丝设定辊缝初值，用压下油缸进行微调。

D　人机接口 MMI

人机接口 MMI 由一台 PC 计算机及其应用软件包组成。人机接口 MMI 用于动态轧制数据、控制模式、测量信息、液压系统状态故障报警等，同时也是操作人员对 AGC 系统进行操作和调整的基本接口。此外，人机接口 MMI 也用于 PLC 的软件开发平台。

E　基础自动化系统

基础自动化系统是液压微调自动厚度控制系统（AGC）的大脑。主要由基于总线的 AB 微处理器，PLC 微处理器，I/O 模板，本地、远程 PLC I/O 模块等组成，用于采集各传感器的信号、模拟量和数字信号量以及 I/O 量的处理，执行实时控制，液压系统运行的逻辑控制和安全保护等。

3.2.3.2　自动厚度控制系统（AGC）的基本原理

一般把板材厚度控制在一定范围内的方法称为厚度自动控制系统（Automatic Gage Control），简称 AGC 系统。根据执行机构不同，分为电动压下 AGC 和液压压下 AGC；根据厚度控制方法不同分为辊缝 AGC 和张力 AGC；根据目标锁定值不同分为恒辊缝 AGC 和恒轧制力 AGC，以及绝对 AGC 和相对 AGC；根据反馈方式不同分为前馈、反馈和监控 AGC。

板带轧制过程既是轧件产生塑性变形的过程，同时也是轧机产生弹性变形的过程，两个过程在同一个系统中，又是同时发生的。轧件在轧制过程中的变形是按一定规律进行的，这一规律就是塑性特征曲线，轧机的变形是按弹性特征曲线进行的，这两条曲线的交点就是这两个过程同时存在点，也就是轧制力及相对应的轧件厚度。为表示上述过程的弹塑性曲线图或称 P-H 图，这个图是板厚自动控制基础。

从 P-H 图中可以看出，要获得等厚度的板材，必须使轧机的弹性特性曲线和轧件的塑性特征曲线始终交到垂直的直线上，这条垂线相当于轧机刚度为无穷大时的弹性特征线，故称等厚轧制线。因此，板材厚度自动控制系统实际上就是不管轧制过程中轧件的塑性特征曲线如何变化，也不管轧机的弹性特征曲线如何变化，总是使他们交到等厚轧制线上。

板厚控制的基本方程为弹性特性方程

$$h = S_0 + P/C$$

实际板厚的获得根据方式不同可以分为直接测厚的方法和间接测厚的方法。

直接测厚的方法是指用安装在轧辊后的测厚仪测量轧件实际厚度。由于测厚仪与轧辊有一定距离，所以测出的板厚不是轧制时正在辊缝中的板厚，而是到达测厚仪处的板厚。如果根据这个厚度调整压下，必然有时间滞后，其误差也是较大的。

间接测厚的方法是指通过弹性特性方程 $h = S_0 + P/CP$ 进行计算而间接测得的，即先测出轧制力 P 和原始辊缝 S_0，然后按上述方程计算得出板厚。这些运算过程是在 PLC 数字计算装置中进行的，系统中的基本信号是轧制力 P，被调节量是辊缝 S。这种方法测出的板厚是正在辊缝中的板厚，因而无时间滞后现象。应该指出用弹跳方程算出的板厚与实际辊缝中的板厚也会有偏差。

将直接或间接测厚得到的厚度输入厚度计中，并分别转换成电气量相加。如果相加后为零，说明辊缝中的板厚与设定板厚相等，即无厚度偏差，此系统中无信号输出。如果相加后不为零，则说明辊缝中的板厚与设定板厚有一个厚度偏差 Δh。此时 AGC 便有一个信号输出，去调整压下改变辊缝或者调整张力与轧制速度直到输出量为零，即消除了板厚差。

3.2.3.3　精轧机组自动厚度控制操作

A　液压 APC

液压 APC 首先作为液压 AGC 的内环，执行液压 AGC 控制所要求的辊缝调节量。换言之液压 APC 是液压 AGC 的执行机构，并进行轧辊的倾斜控制；其次用于轧辊精确预摆辊缝，同电动压下机构联合实现轧辊的校平。为使轧件板形较好，也可采用液压轧制力控制，实现恒轧制力控制，获得好的板形。各机架内环可由操作工选择恒轧制力控制或恒辊缝控制。手动上升、手动下降用于操作工微调和轧机液压压下系统的检修。手动校零，采用自动预压靠的方式。压靠的压力为 100t。初始给定辊缝用于本道次的辊缝预定值；AGC 给定则是用于轧制过程中，由于厚度的变化，给出的动态辊缝修正值。操作侧和传动侧液压缸中的位移传感器给出的位移量经求和、取其平均值作为辊缝实际值。辊缝给定值和实测值进行比较，获得位置偏差。按照偏差的方向和大小，给出伺服阀驱动电流，控制液压缸升降运动，以获得精确的定位值。

当倾斜给定值为零时，即可进行轧辊校平控制。由于来料的楔形或轧制过程中产生镰刀弯时，就需要手动倾斜控制。根据倾斜量的给定值，操作侧和传动侧液压缸做相反运动，一侧上升，另一侧下降。但每台轧机的倾斜量都有一个极值是不能超过的。

由操作侧和传动侧液压缸中压力传感器之和作为总轧制力，两侧压力差作为轧制力差。在最后一、二个机架为使板形较好，可采用恒轧制力控制。由轧制力设定值和实测轧制力之差，调节伺服阀驱动电流，控制液压压力，以保持轧制力恒定。

在上述液压 APC 控制中包括了流量补偿环节。

B　液压 AGC

a　运行方式

（1）相对 AGC。

1）LOCK-ON 方式。以计算各机架头部平均厚度为目标厚度，锁定各机架的轧制力和辊缝，进行自动厚度调节，追求同带差最小。

2）HOLD 方式。以前一块带钢头部锁定值作为本次锁定值，进行本块带钢自动厚度调节。

当实测带钢出口厚度与给定的目标厚度之差超过某极限值时，将以各机架实测值作为本块钢的给定目标厚度。

（2）绝对 AGC。以过程计算机计算的目标厚度和预报轧制力，作为目标厚度和锁定各机架轧制力进行自动厚度调节，追求与要求的成品厚度差最小。当实测带钢出口厚度与给定的目标厚度之差超过某极限值时，将以实测值作为本块钢的给定目标厚度。

b　控制方式

（1）压力 AGC。以轧制压力作为主自变量，以弹跳方程为基本模型的 AGC 控制方式，属于反馈控制。

（2）监控 AGC。以精轧出口的测厚仪实测的厚度差为自变量，以弹跳方程确定厚差对辊缝的调节系数的 AGC 控制方式。属于反馈控制。

（3）监控 AGC 基本控制步骤：

如果精轧出口的测厚仪实测的厚度差 $|\Delta h| \leqslant$ 死区值，不调节；

如果 $|\Delta h| >$ 死区值，计算辊缝调节量 Δs；

如果辊缝调节量 $|\Delta s| \leqslant F_i$ 允许辊缝调节量（一个采控周期内），仅调节 F_i 压下；否则，辊缝调节余量向上游机架分配。

参与监控 AGC 的机架，按照实际轧制速度计算，当该机架变形区带钢到达出口测厚仪时，开始一个新的采控周期。

负荷再分配：当带钢头部到达精轧机组出口测厚仪时，如果实测厚差较大，超过一个预定的值（该值与轧件的材质和规格有关），六个机架按照规程设定的压下量比例进行同步的调节，尽快消除厚差，并有利于各机架液压 AGC 平稳调节。

3.2.4　控制轧制

材料的性能是由材料的组织决定的。金属材料的性能有：物理性能，化学性能，力学性能，工艺性能等。对于任何钢材最基本的性能要求是强度。

钢的组织状态是获得所需要的力学性能与工艺性能的关键。钢的成分、冶金、加工工艺因素、组织、性能的关系如图 3-24 所示。

3.2.4.1　控制轧制的概念

控制轧制是指通过控制加热温度、轧制温度、变形制度等工艺参数，控制奥氏体的状态和相变产物的组织状态，从而达到控制钢材组织性能的目的。

控制轧制工艺是一项节约合金、简化工序、节约能源消耗的先进轧钢技术。它能通过

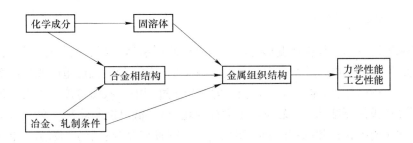

图 3-24　钢的成分、冶金、加工工艺因素、组织、性能的关系

工艺手段充分挖掘钢材潜力，大幅度提高钢材综合性能，给冶金企业和社会带来巨大的经济效益。由于它具有形变强化和相变强化的综合作用，所以既能提高钢材强度又能改善钢材的韧性和塑性。

长期以来作为热轧钢材的强化手段，或是添加合金元素，或是热轧后再进行热处理。这些措施既增加了成本又延长了生产周期；在性能上，多数情况下是在提高了强度的同时降低了韧性及焊接性能。控制轧制与普通热轧不同，其主要区别在于它打破了普通热轧只求钢材成形的传统观念，不仅通过热加工使钢材得到所规定的形状和尺寸，而且要通过钢的高温变形充分细化钢材的晶粒和改善其组织，以便获得通常需要经常化（正火）处理后才能达到的综合性能。因此，从工艺效果上看，控制轧制既保留了普通热轧的功能，又发挥出常化处理的作用，使热轧与热处理有机结合，从而发展成为一项科学的形变热处理技术和节省能源的重要措施。

控制轧制（Controlled rolling）是在热轧过程中通过对金属加热制度、变形制度和温度制度的合理控制，使热塑性变形与固态相变结合，以获得细小晶粒组织，使钢材具有优异综合力学性能的轧制新工艺。对低碳钢、低合金钢来说，采用控制轧制工艺主要是通过控制轧制工艺参数，细化变形奥氏体晶粒，经过奥氏体向铁素体和珠光体的相变，形成细化的铁素体晶粒和较为细小的珠光体球团，从而达到提高钢的强度、韧性和焊接性能的目的。

由于控轧可得到高强度、高韧性、良好焊接性的钢材，因此控轧钢可代替低合金常化钢和热处理常化钢做造船、建桥的焊接构件、运输、机械制造、化工机械中的焊接构件。目前控轧钢广泛用于生产建筑构件和生产输送天然气和石油的大口径钢管。

Nb、V、Ti 元素的微合金钢采用控制轧制工艺将充分发挥这些元素的强韧化作用，获得高的屈服强度、抗拉强度、很好的韧性、低的脆性转变温度、优越的成型性能和较好的焊接性能。

根据控制轧制理论和实践，目前已将这一新工艺应用到中、高碳钢和合金钢的轧制生产中，取得了明显的经济效益。

但控轧也有一些缺点，对有些钢种，要求低温变形量较大。因此加大轧机负荷，对中厚板轧机单位辊身长度的压力由 1t/mm 现加大到 2t/mm。由于要严格控制变形温度、变形量等参数，因此要有齐全的测温、测压、测厚等仪表；为了有效地控制轧制温度，缩短冷却时间，必须有较强的冷却设施，加大冷却速度，控轧并不能满足所有钢种、规格对性能的要求。

3.2.4.2　控制轧制的种类

钢在控制轧制变形过程中或变形之后，钢组织的再结晶对钢的控制轧制起决定性作用，尤其是控轧时变形温度更为重要。因此，根据钢在控轧时所处的温度范围或塑性变形是处在再结晶过程、非再结晶过程或者 $r-a$ 相变的两相区过程中，从而将控轧分为三种类型：高温控制轧制（奥氏体再结晶型控轧又称 I 型控制轧制）、低温控制轧制（奥氏体未再结晶型控制轧制又称 II 型控轧）和两相区的控制轧制（也称 III 型控制轧制）。如图 3-25 所示。

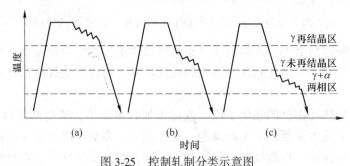

图 3-25　控制轧制分类示意图

(a) 高温控制轧制；(b) 低温控制轧制；(c) $\gamma+\alpha$ 两相区控制轧制

A　高温控制轧制（奥氏体再结晶型控轧又称 I 型控制轧制）

特点：轧制全部在奥氏体再结晶区内进行（950℃以上）。

控制机理：通过奥氏体晶粒的形变、再结晶的反复进行使奥氏体再结晶晶粒细化，相变后能得到均匀的较细小的铁素体珠光体组织。

轧制全部在奥氏体再结晶区内进行，有比传统轧制更低的终轧温度（约 950℃）。它是通过奥氏体晶粒的形变、再结晶的反复进行使奥氏体再结晶晶粒细化，相变后能得到均匀的较细小的铁素体珠光体组织。在这种轧制制度中，道次变形量对奥氏体再结晶晶粒的大小有主要的影响，而在奥氏体再结晶区间的总变形量的影响较小。这种加工工艺最终只能使奥氏体晶粒细化到 $20\sim40\mu m$，相转变后也只能得到约 $20\mu m$（相当于 ASTM $N_0 8$ 级）较细的均匀的铁素体。由于铁素体尺寸的限制，因此热轧钢板综合性能的改善不突出。

B　低温控制轧制（奥氏体未再结晶型控制轧制又称 II 型控轧）

控制机理：轧后的奥氏体晶粒不发生再结晶，变形使晶粒沿轧制方向拉长，晶粒内产生大量滑移带和位错，增大了有效晶界面积。相变时，铁素体晶核不仅在奥氏体晶粒边界上，而且也在晶内变形带上形成（这是 II 型控制轧制最重要的特点），从而获得更细小的铁素体晶粒，使热轧钢板的综合力学性能、尤其是低温冲击韧性有明显的提高。

为了突破 I 型控制轧制对铁素体晶粒细化的限制，就要采用在奥氏体未再结晶区的轧制。由于变形后的奥氏体晶粒不发生再结晶，因此变形仅使晶粒沿轧制方向拉长，并在晶内形成变形带。当轧制终了后，未再结晶的奥氏体向铁素体转变时，铁素体晶核不仅在奥氏体晶粒边界上，而且也在晶内变形带上形成（这是 II 型控制轧制最重要的特点），从而获得更细小的铁素体晶粒（可以达到 $5\mu m$，相当于 ASTM No12 级），因此使热轧钢板的综合力学性能、尤其是低温冲击韧性有明显的提高。奥氏体未再结晶区的轧制可以通过低温大变形来获得，也可以通过较高温度的小变形来获得。前者要求轧机有较大的承载负荷的能力，而后者虽对轧机的承载能力要求低些，但却使轧制道次增加，即限制了产量也限制了奥氏体未再结晶区可能获得的总变形量（因为温降的原因）。在对未再结晶区变形的研究中发现，多道次小变形与单道次大变形只要总变形量相同，则可具有同样的细化铁素体晶粒的作用，即变形的细化效果在变形区间内有累计作用。所以在奥氏体未再结晶区内变形时只要保证必要的总变形量即可。比较理想的总变形量应在 30%～50%（从轧件厚度来说，轧件厚度等于成品厚度的 1.5～2 倍时开始进入奥氏体未再结晶区轧制）。而小的总变形量将造成未再结晶奥氏体中的变形带分布不均，导致转变后铁素体晶粒不均。在实际生产中使用 Ⅱ 型控制轧制时，不可能只在奥氏体未再结晶区中进行轧制，它必然要先在高温奥氏体再结晶区进行变形，经过多次的形变、再结晶使奥氏体晶粒细化，这就为以后进入奥氏体未再结晶区的轧制准备好了组织条件。但是在奥氏体再结晶区与奥氏体未再结晶区间，还有一个奥氏体部分再结晶区，这是一个不宜进行加工的区域。因为在这个区内加工会产生不均匀的奥氏体晶粒，尤其是临近奥氏体未再结晶区的范围。这个范围对各种钢是不同的，大约是在 7%～10% 的变形量内，这个变形量称为临界变形量。为了不在奥氏体部分再结晶区内变形，生产中只能采用待温的办法（空冷或水冷），从而延长了轧制周期，使轧机产量下降。

对于普通低碳钢，奥氏体未再结晶区的温度范围窄小，例如 16Mn，钢当变形量小于 20% 时其再结晶温度在约 850℃，而其相变温度在约 750℃，奥氏体未再结晶区的加工温度范围仅有约 100℃，因此难以在这样窄的温度范围进行足够的加工。只有那些添加铌、钒、钛等微量合金元素的钢，由于它们对奥氏体再结晶有抑制作用，就扩大了奥氏体未再结晶区的温度范围，如含铌钢可以认为在 950℃ 以下都属于奥氏体未再结晶区，因此才能充分发挥奥氏体未再结晶区变形的优点。

C 两相区的控制轧制（也称 Ⅲ 型控制轧制）

控制机理：轧材在两相区中，变形时形成了拉长的未再结晶奥氏体晶粒和加工硬化的铁素体晶粒，相变后就形成了由未再结晶奥氏体晶粒转变生成的软的多边形铁素体晶粒和经变形的硬的铁素体晶粒的混合组织，从而使材料的性能发生变化。

在奥氏体未再结晶区变形获得的细小铁素体晶粒尺寸，在变形量为 60%～70% 时达到了极限值，这个极限值只有进一步降低轧制温度，即在 Ar_3 以下的奥氏体+铁素体两相区中给以变形才能突破。轧材在两相区中变形时，形成了拉长的未再结晶奥氏体晶粒和加工硬化的铁素体晶粒，相变后就形成了由未再结晶奥氏体晶粒转变生成的软的多边形铁素体晶粒和经变形的硬的铁素体晶粒的混合组织，从而使材料的性能发生了变化：强度和低温韧性提高、材料的各向异性加大、常温冲击韧性降低。采用这种轧制制度时，轧件同样会先在奥氏体再结晶区和奥氏体未再结晶区中变形，然后才进入到两相区变形。由于在两相区中变形时的变形温度低，变形抗力大，因此除对某些有特殊要求的轧材外很少使用。

【任务实施】

精 轧 操 作

A 精轧机操作

（1）开轧前应详细了解生产作业计划，并根据钢种、规格等情况控制辊身冷却水大小。

（2）轧制时，先开压下调整好辊缝，再转动轧辊，然后送钢、轧制。速度制度遵循低速咬入、高速轧制、低速抛出的原则。

（3）在正常情况下，钢板未出轧辊时，轧辊不得反转，发生夹钢时，应将钢退出，视情况重新轧制，但当钢坯出现明显黑印或黑头后，不得重新轧制。

（4）精轧机单机生产时，要根据钢种、厚度、宽度、板形、加热温度等情况，合理分配道次压下量，合理选择轧制方式。

（5）空道次时禁止除鳞，以免影响热检测，造成物料跟踪错误。要保证在精轧机开轧第一道次进行除鳞，并视表面氧化铁皮情况增加除鳞道次。根据钢板除鳞后的效果，及时调整除鳞道次，以保证除鳞后钢板表面质量。高压水不正常时，应停轧，联系有关部门及时处理。

（6）严禁轧制低温钢。

（7）当轧件温度有所降低时，应相应减小压下量，增加道次。

（8）轧制时，要密切监视轧制情况及轧制表变化情况，出现轧制表错误或推床错误动作时，要立即进行手动干预，避免出现操作事故。

（9）护板、导卫板脱落和发生机械事故时，应停机处理后，方可重新轧制。

（10）正常生产时，前一张钢板最后一道未出轧机前，第二块坯不得进入机前辊道，两张板之间的轧制间隙时间应大于 2s。

（11）轧制过程中如发现波浪、瓢曲，镰刀弯等缺陷，应立即采取措施，消除缺陷。

（12）要经常观察测厚仪显示器上的厚度情况，根据实际值与目标值的差值，输入轧制策略，对毛宽厚度等进行修正。

B　四辊可逆（粗）精轧机换辊规程

a　工作辊更换步骤

（1）在正常轧钢情况下，操作工可在地面操作台，工作台选择在"远程"状态下，扳动最下面工作辊拖车扳把，扳向向"前"位置，将备用工作辊从轧辊预装车间内推到生产车间内，同时要确认备用工作辊位置不影响小倾斜起落，注意不要把工作辊拖车开过限位。

（2）确认工作辊拖车挂钩与备用工作辊已全部拖开后，将工作辊拖车在轧辊预装车间内的限位开关信号用铁板挡上，扳动最下面工作辊拖车手柄，扳向"后"位置将工作辊拖车，拖回轧辊预装车间过小倾斜位置后停止，精轧操作时注意不要撞到轧辊预装车间内盖板上的安全护栏（在需更换精轧支撑辊时，首先要将轧辊预装车间内盖板上的安全护栏拆掉，然后将工作辊拖车继续向后拖，拖至轧辊预装间最后一块盖板位置上）。

（3）将轧辊预装车间内限位开关信号用铁板挡上，并确认小倾斜缸杆头未探出来，不影响小倾斜升起的情况下，然后按动小倾斜向"上"按钮，将小倾斜升起，注意不要扳动换辊拖车状态扳把，以避免出现传动站跳泵的情况发生，而影响正常的生产。

（4）按动工作辊拖车盖板"向前"或"向后"按钮，将备用辊往西或往东移动，使备用辊处于备辊位置（在移动工作辊拖车盖板前，一定要注意轧机两侧安装的安全护栏位置，坚决避免工作辊在移动时损坏安全护栏的情况发生）。

（5）在停轧后，操作工将工作辊、支撑辊抬到"停放位"。根据所换工作辊辊径大小，可适当手动将辊缝抬到适当位置。

（6）操作工将操作室内操作台上旋转钮由"轧制状态"打到"换辊状态"，然后按万向轴"启动"按钮，将上、下工作辊扁头处于垂直位置（使工作辊工作侧画的蓝线与地面垂直），以便于装新工作辊。然后按上、下主电机快开"打开"按钮，将上、下主电机电断开。精轧操作工最后要将精轧 AGC 断开。

（7）操作工将轧机大车、出口、入口辊道控制模式打至"手动"位置（粗轧入口辊道：加热到粗轧机辊道控制模式。粗轧出口辊道：粗轧到精轧辊道控制模式。精轧入口辊道：粗轧到精轧运输控制模式。精轧出口辊道：输送到层流控制模式）。同时，将轧机入口、出口辊道分组灯按灭（粗轧入口：粗轧机前运输辊道 4 组及除鳞辊道 2 组。粗轧出口：粗轧机后运输辊道 4 组。精轧入口：精轧入口辊道 6 组。精轧出口：工作辊辊道 2 到5 组），然后操作工在操作室内按工作辊、支撑辊平衡"关闭"按钮，切换到地面站，轧机出入口推床打到最小位置，最后通知粗轧操作台人员响"停车"检修警报。

（8）地面站操作台人员在地面操作台上，将工作台选择旋钮打到"就地"。此时，必须有一名操作工携带手电及对讲到轧机传动侧，对传动侧万向轴附近的人员予以疏散，确保在换辊时不伤到检修人员。

（9）就地操作台人员按除尘机"关"按钮及工作辊冷却"关"按钮、支撑辊冷却"关"按钮，将轧机侧喷水及轧辊冷却水关闭。

（10）扳动最下面换辊拖车状态扳把，扳向"向前"位置，将小倾斜内液压缸推出，使小倾斜内液压缸挂钩与下工作辊拖架保持一定距离，注意千万不要将其挂在下工作辊拖架上。

（11）就地操作台人员按下工作辊平衡"关"按钮，将下工作辊平衡关掉。

（12）确认下工作辊平衡缸确已收回，就地操作台人员与轧机传动侧人员用对讲确认轧机后万向轴处无人后，按动支撑辊标高调整"上升"按钮，将下支撑辊及下工作辊抬起。在下支撑辊及下工作辊升起时，操作人员决不允许动作阶梯垫"进"或"出"旋钮，轧机传动侧现场人员不允许站在阶梯垫上面。

（13）确认下支撑辊及下工作辊确已上升到位后，将就地面板上阶梯垫进出按钮打到"进"的位置（粗、精轧"进"是向传动侧移动阶梯垫，"出"是向操作侧移动阶梯垫），向外撤下支撑辊下面的阶梯垫，如果就地操作台阶梯垫位置显示屏正常，就地操作台操作人员，要将下支撑辊下面的阶梯垫退到就地操作台上所粘贴的阶梯垫，更换一览表上的"换辊位置"所规定的数值，到达"换辊位置"所规定的数值后，就地操作台人员要与轧机传动侧阶梯垫现场人员用对讲进行确认。如果就地操作台阶梯垫位置显示屏已坏，就地操作台人员要与轧机传动侧阶梯垫现场人员用对讲进行信息沟通。

（14）就地操作台人员与轧机传动侧阶梯垫现场人员，用对讲确认阶梯垫已撤到"换辊位置"后，并确认轧机万向轴处无人后，就地操作台人员按动支撑辊标高调整"下降"按钮，将下支撑辊及下工作辊向下降，降到下工作辊轴承座上导轮与下面轨道接触为止。在下支撑辊及下工作辊下降时，轧机传动侧现场人员不允许站在阶梯垫上面。待下支撑辊及下工作辊下降到位后，现场确认人员可上到阶梯垫上将阶梯垫上的杂物清理干净，以确保轧机压靠一次成功。

（15）确认轧机前后导板处无人后，按就地操作台人员按左侧导板及右侧导板"关"按钮，关闭轧机左侧导板及右侧导板。

(16) 扳动最下面换辊拖车状态扳把，扳向"向前"位置，将小倾斜液压缸挂钩挂在下工作辊拖架上。

(17) 确认轧机左侧导板及右侧导板确已下降到位后，就地操作台人员与轧机传动侧现场人员用对讲对万向轴后现场安全确认后，就地操作台人员按下万向轴"压紧"、"定位"按钮，将下万向轴夹紧定位，然后按下工作辊轴端卡板"松开"按钮，将下工作辊端卡板打开。

(18) 扳动换辊拖车状态扳把，扳向"向后"位置，将下工作辊向外拉出约 200mm，让下工作辊轴承座上的销子与上工作辊轴承座的定位销孔对正。

(19) 按上工作辊平衡"关"按钮，将下工作辊轴承座上的销子插入上工作辊轴承座的定位销孔中。

(20) 就地操作台人员与轧机传动侧现场人员用对讲对万向轴后现场安全确认后，就地操作台人员按上万向轴"压紧"、"定位"按钮，将上万向轴夹紧定位，然后按上工作辊轴端卡板"松开"按钮，将上工作辊轴端卡板打开。

(21) 扳动最下面换辊拖车状态扳把。扳向"向后"位置，将上、下工作辊从机架内拉出，然后将小倾斜液压缸挂钩与下工作辊拖架脱开。

(22) 按动工作辊横移盖板"向前"或"向后"按钮，将备用辊往西或往东移动，使备用辊处于装辊位置。

(23) 地面操作换辊人员待指挥人员确认上、下支撑辊辊面无损或裂纹，并确认工作辊平衡缸都处于缩回状态，再进行装辊操作。

(24) 扳动最下面换辊拖车状态扳把，扳动前就地操作台人员要与轧机传动侧现场人员用对讲对万向轴后现场安全确认后，扳向"向前"位置，用小倾斜内液压缸将备用辊推入机架内，此时只是上工作辊能推到位。

(25) 当上工作辊推到位后，按上工作辊端卡板"压紧"，将上工作辊轴端卡板夹紧。

(26) 就地操作台人员与轧机传动侧现场人员用对讲对万向轴后现场安全确认后，按动上万向轴"松开"、"后部"按钮，确认万向轴定位缸缩回。然后就地操作台人员按上工作辊平衡"开"按钮，将上工作辊升起来。

(27) 继续用小倾斜液压缸将下工作辊向里推，将下工作辊推到位，然后按下工作辊轴端卡板"压紧"，将下工作辊轴端卡板夹紧。将小倾斜液压缸挂钩与下工作辊拖架脱开，扳动最下面换辊拖车状态扳把，扳向"向后"位置，将小倾斜液压缸缩回到小倾斜内。将轧辊预装车间内限位开关信号用铁板挡上，然后按动小倾斜向"下"按钮，将小倾斜降下。

(28) 就地操作台人员与轧机传动侧现场人员用对讲对万向轴后现场安全确认后，按动下万向轴"松开"、"后部"按钮，确认万向轴定位缸缩回。

(29) 轧机传动侧现场人员要对万向轴松开状况及定位缸状况予以现场确认，以确保后续压靠时，不损坏设备的情况发生。

(30) 确认轧机前后导板处无人后，就地操作台人员按就地操作台上左侧导板及右侧导板"开"按钮，打开轧机左侧导板及右侧导板。

(31) 就地操作台人员与轧机传动侧现场人员用对讲对万向轴后现场安全确认后，按动支撑辊标高调整"上升"按钮，将下支撑辊及下工作辊升起。在下支撑辊及下工作辊升起时，轧机传动侧现场人员不允许站在阶梯垫上面。在下支撑辊未达到正确标高时不准移动阶梯垫。

（32）将面板上阶梯垫进出旋钮旋转到"出"的位置（粗、精轧"进"是向外撤阶梯垫，"出"是向里进阶梯垫），向里垫下支撑辊下面的阶梯垫，轧机传动侧现场人员不允许站在阶梯垫上面，在进阶梯垫时，就地操作台人员与轧机传动侧现场人员用对讲进行信息沟通，根据下支撑辊径及下工作辊径尺寸的要求选择合理的阶梯垫，轧机传动侧现场人员要对所垫的阶梯垫位置负责。

（33）按动支撑辊标高调整"下降"按钮，将下支撑辊及下工作辊降下来。

（34）按下工作辊平衡"开"按钮，将下工作辊平衡打开。

（35）观察轧机进出口机架辊护板与下工作辊护板状态。下工作辊护板允许高出机架辊护板 8mm，也可以低于机架辊护板 8mm，即轧制线允许偏差±8mm。

（36）确认完轧机进出口机架辊护板与下工作辊护板位置合适后，就地操作台人员按除尘机"开"按钮及工作辊冷却"开"按钮、支撑辊"开"按钮，将轧机侧喷水及轧辊冷却水打开。

（37）就地操作台人员对面板上的所有按钮状态确认无误后，将工作台选择旋钮打到"远程"位置。

（38）输入工作辊辊径，将操作台上旋钮钮由"换辊状态"，打到"轧制状态"，然后按支承辊平衡"开"按钮，接通支撑辊平衡，接通大车"快开"按钮，接通轧辊冷却水，开始压靠。

（39）按动工作辊横移盖板"向前"或"向后"按钮，将旧工作辊往西或往东移动，使旧工作辊处于换辊位置。

（40）扳动最下面工作辊拖车扳把，扳向"向前"位置，将工作辊拖车开向生产车间内，并使工作辊拖车挂钩挂在旧的下工作辊拖架上。注意千万别把工作辊拖车开过辙。

（41）扳动最下面工作辊拖车扳把，扳向"向后"位置，用工作辊拖车将旧工作辊拖回轧辊预装车间天车可将旧工作辊吊走的位置后停止，并将工作辊拖车挂钩与旧的下工作辊拖架脱开，将工作辊拖车退到"大倾斜"盖板外。

b　支撑辊更换步骤

（1）支撑辊更换前步骤。

1）操作台操作工在操作室操作台上将支撑辊油膜轴承泵、压下润滑泵停了。

2）按照粗、精轧工作辊更换步骤，将旧工作辊从轧机内抽出，并拖回轧辊预装间。其中省去将备用工作辊从轧辊预装间推到生产车间步骤。

3）在更换支撑辊之前，在冬季气温较低时，在换辊之前 1h，提前将粗轧、精轧支撑辊拖车电器控制柜上的油箱加热的"开"按钮按绿，对支撑辊拖车润滑油提前加热，按下粗轧、精轧支撑辊拖车电器控制柜。

4）1号主泵"启动"按钮，将 1号主泵开启。在其他季节可直接开启 1号主泵。

5）在更换支撑辊时，在将上支撑辊降下之前，上工作辊万向轴平衡处于平衡关的状态下，将上工作辊万向轴夹紧打开，并做好现场确认后，才允许将上支撑辊降下。将下支撑辊升起之前，下工作辊万向轴平衡处于平衡开的状态下，将下工作辊万向轴夹紧打开，并做好现场确认后，才允许将下支撑辊升起。

6）确认支撑辊油膜轴承泵已停止，然后进行支撑辊拆卸及安装步骤。

（2）支撑辊拆卸。

1）就地操作人员按支撑辊平衡"关"按钮，将上支撑辊平衡关闭，将上支撑辊降下，先将操作侧上支撑辊进回油管拆除，高凳要清洁无油，以免站上的人员滑落，当拆除油管时需两人，一人将油管托牢，一人拆除螺栓。在拆除传动侧上支撑辊进回油管时，操作人员需站在轧机传动侧上万向轴夹紧上面，操作人员脚下要垫好麻袋，防止滑倒，当拆除油管时需两人，一人将油管托牢，一人拆除螺栓。确认上支撑辊操作侧及传动侧油管确已拆除，疏散轧机上及上支撑辊检修人员，确认安全无误后，按支撑辊"开"按钮，将上支撑辊升起（拆轧机前盖板吊装）。

2）起吊横移东侧小盖板，用 20mm 钢丝扣吊起，再将横移盖板吊起，用 26m×14m 钢丝扣配合 12t 卸扣 4 个。再将换辊入口盖板吊起用 20mm 钢丝扣配合 4t 卸扣 4 个。起吊以上盖板时一定要确认吊点是否拴牢，指挥天车起吊时由一人指挥天车。

3）将安全防护链有钩子一头挂在大倾斜上，按大倾斜向"上"按钮，将换辊大倾斜翻起，挂好安全防护链并插好安全防护销。

4）拆除下支撑辊进回油管，当操作人员站在下支撑辊两侧及传动侧阶梯垫时脚下要垫好麻袋，防止滑倒。

5）上下支撑辊油管拆除后，扳动最下面最左边支撑辊拖车扳把，扳向"向前"位置，将支撑辊小车从预装车间内开到生产车间，将换支撑辊拖车开至换辊入口处用天车将连接钩吊起，用 12.5m×10m 钢丝扣将换辊小车慢慢开进，一人在小车侧面指挥换辊地面操作人员及天车操作人员，将连接钩与下支撑辊连接上，然后将钢丝扣摘下。

6）就地操作人员按下支撑辊轴端卡板"松开"按钮，将下支撑辊轴端卡板打开，扳动最下面最左边支撑辊拖车扳把，扳向"向后"位置，将下支撑辊从轧机内拖出，清理下支撑辊轴承座吊装孔内油污及杂物，以及下支撑辊座上面放托架处的油污及杂物。清理完毕后，将换辊托架吊装至下支撑辊上，同时检查下支撑辊轴承座上的键是插入到换辊托架的键槽内，要专人指挥天车，使用 26m×7m 钢丝扣。

7）就地操作人员扳动最下面最左边支撑辊拖车扳把，扳向"向前"位置，将下支撑辊及换辊托架推入机架内，然后按支撑辊平衡"关"按钮，关闭上支撑辊平衡，将上支撑辊降下。落稳后，按上支撑辊轴端卡板"松开"按钮，将上支撑辊轴端卡板打开。扳动最下面最左边支撑辊拖车扳把，扳向"向后"位置，将旧支撑辊全部拉出，拉到轧机二台处，在二台处吊起吊销，将下支撑辊装入起吊销，使用 9.3m×6m 钢丝扣配合 1t 卸扣及 M12 吊点，吊装时一人指挥天车。

8）继续将旧支撑辊拖至轧辊间内，西侧立梯子架在上支撑辊轴承座处，对准起吊孔，两人扶牢梯子，一人上至梯子上并指挥天车吊装起吊销，使用 9.3m×6m 钢丝扣配合 1t 卸扣及 M12 吊点。东侧一人上至大翻转上，指挥天车并安装好起吊销。

9）当起吊销全部装好后，使用 55t 吊带将上支撑辊吊下，要专人负责指挥天车，再将换辊托架吊下，要专人负责指挥天车。一人在小车侧面指挥换辊地面操作人员及天车操作人员，将支撑辊拖车连接钩与下支撑辊拖架脱开，然后将钢丝扣摘下，最后使用 55t 吊带将下支撑辊吊出换辊沟，要专人负责指挥天车。

（3）支撑辊安装。

1）将新下支撑辊吊至换辊沟，摆正放好，要专人负责指挥天车，然后一人在小车侧面指挥换辊地面操作人员及天车操作人员，将支撑辊拖车连接钩挂在下支撑辊拖架上，再将换辊托架吊至下支撑辊上，要专人负责指挥天车。放稳后检查下支撑辊轴承座上键是否入换辊托架槽内，再将新上支撑辊吊至换辊托架上，要专人负责指挥天车，并检查定位销是否完全进入定位孔内。

2）一人上大翻转拆除上支撑辊东侧起吊销并指挥天车。立梯子拆除西侧上支撑辊起吊销，两人扶梯子，一人上去拆除并指挥天车。上支撑辊起吊销拆除完毕后，就地操作人员扳动最下面最左边支撑辊拖车扳把，扳向"向前"位置，将新支撑辊推至生产车间二台处，拆除下支撑辊起吊销，要有专人指挥天车。

3）下支撑辊起吊销拆除完毕后，就地操作人员扳动最下面最左边支撑辊拖车扳把，当装入支撑辊时特别是在机架入口处要缓慢移动，视两侧平衡梁高度进行确认，很可能平衡梁有斜度，待处理完毕后再小心推入。扳向"向前"位置，将支撑辊推入机架内，然后按上支撑辊轴端卡板"压紧"按钮，关闭上支撑辊卡板，按支撑辊平衡"开"按钮，打开上支撑辊平衡，将上支撑辊抬起，然后就地操作人员扳动最下面最左边支撑辊拖车扳把，扳向"向后"位置，将下支撑辊连同换辊托架拉出机架，拉到轧机二台处，专人负责指挥天车将换辊托架吊起。

4）操作人员扳动最下面最左边支撑辊拖车扳把，扳向"向前"位置，将下支撑辊推入机架，按下支撑辊轴端卡板"压紧"按钮，关闭下支撑辊卡板。专人指挥天车将支撑辊拖车连接钩吊起与下支撑辊拖架脱开，并指挥换辊地面操作人员将支撑辊拖车倒至轧辊间内最后一块盖板下面停止。

5）安装下支撑辊传动侧及操作侧进出油管，注意做好防滑措施并防止滑倒。

6）起吊横移盖板，将大翻转防护链摘除，按大倾斜向"下"按钮，放下大倾斜，将横移盖板复位，要专人负责指挥天车。

7）将横移东侧小盖板复位，要专人负责指挥天车。

8）将轧机前小盖板复位，要专人负责指挥天车。

9）按支撑辊平衡"关"按钮，将上支撑辊平衡关闭，将上支撑辊降下，安装上支撑辊传动侧及操作侧进回油管，安装时与拆除方法相反，需两人相互配合，避免人员从高处滑落的情况发生。

10）确认上支撑辊传动侧及操作侧进回油管安装完毕后，按支撑辊平衡"开"按钮，将上支撑辊平衡打开，将上支撑辊升起。

11）支撑辊更换完毕后，按粗轧、精轧支撑辊拖车电器控制柜上的油箱加热的"关"按钮（冬季），将粗轧、精轧支撑辊拖车润滑油加热器关闭，同时按1号主泵"停止"按钮，将1号主泵关闭。

12）按粗、精轧工作辊更换步骤，完成新工作辊的安装，省去旧工作辊从轧机内拆除步骤。

C 轧制制度

a 机架变形（预置辊缝）

轧制力与弹跳值参数如表3-6所示。

表 3-6　轧制力与弹跳值参数

轧制力/t	800	900	1000	1500	2000	2500	3000	3500	4000	5000	6000	7000
弹跳值/mm	1.00	1.13	1.25	1.87	2.50	3.13	3.75	4.37	5.00	6.25	7.50	8.75

生产时以当时情况为准进行调整。

b　机座刚性

牌坊刚度（单个）：10400kN/mm，机架刚度：8000kN/mm。

c　轧制策略

全横轧、全纵轧、横轧+纵轧、纵轧+横轧、纵轧+横轧+纵轧、横轧+纵轧+横轧。

d　压下制度

（1）轧制碳素结构钢和低合金结构钢时，粗轧机最大压下量不大于 50mm，精轧机最大压下量不大于 40mm；

（2）轧制碳素结构钢和低合金结构钢时，粗轧机延伸道次压下率一般不小于 10%，精轧机后 4 道累计压下率不小于 30%，成品道次视辊型而定。

e　精轧机轧制速度

精轧机轧制速度参数如表 3-7 所示。

表 3-7　精轧机轧制速度参数

轧件长度/m	轧 制 速 度/r·min⁻¹		
	咬入速度	轧制速度	抛钢速度
≤10	≤40	40	≤40
>10~20	≤40	40、60	≤40
>20~30	≤40	40、60、80	≤40
>30	≤40	40、60、80	≤40

f　轧制温度范围（二级初始化条件）

（1）最高出炉温度：1300℃；最低出炉温度：1000℃；

（2）最高终轧温度：1100℃；最低终轧温度：700℃。

g　轧制过程中的高压水除鳞

（1）一般情况下，轧件进入粗、精轧机第一道轧制前、展宽轧制完成后、控轧每个阶段待温后采用除鳞操作，其他道次视实际情况进行除鳞；

（2）轧件除鳞需采用全长除鳞。

h　生产尺寸范围

生产尺寸范围如表 3-8 所示。

表 3-8　生产尺寸范围

生产尺寸	厚度/mm	宽度/mm	长度/mm
轧制尺寸	6~240	1600~3400	6000~42000
成品尺寸	6~240	1500~3300	6000~18000

D　轧辊制度

a　轧辊辊型

（1）正常生产时，工作辊和支撑辊根据情况可以采用平辊型轧辊或有辊型轧辊；

（2）工作辊磨削凸度：凸度范围 0~300μm；

（3）支撑辊磨削凸度：凸度范围 0~200μm。

b　轧辊工作温度：≤ 60℃。

c　轧辊硬度

（1）工作辊硬度：辊身 HSD 65~74；辊颈 HSD 35~45；

（2）支撑辊硬度：辊身 HSD 50~60；辊颈 HSD 40~50。

d　垫片调整

阶梯垫片厚度：110mm、126mm、142mm、158mm、174mm、190mm、206mm。

e　换辊制度

（1）作业计划安排。初期辊轧制宽厚规格，中期辊轧制宽薄、窄薄规格，末期辊轧制窄厚规格。

（2）换辊周期。

工作辊。粗轧：$2×10^4$~$22×10^3$t，极限吨数 $25×10^3$t；

　　　　精轧：$4×10^3$~$6×10^3$t，极限吨数 $65×10^2$t。

支撑辊。粗轧：≤$3×10^4$t，极限吨数 $32×10^4$t；

　　　　精轧：≤$2×10^4$t，极限吨数 $22×10^4$t。

生产中应随时观察轧辊状态，轧辊出现缺陷或钢板中间厚度与边部厚度相差超过 0.4mm 时，应立即更换。

（3）工作辊配辊。当两辊直径不一致时，直径相差不得超过 110mm。

E　精轧仿真操作

a　系统初始化

进入系统之后需要进行一系列的准备工作才能进行轧钢：

（1）如果没有连接虚拟界面，点击"虚拟界面连接"按钮连接虚拟界面；

（2）如果没有选择批次，点击"批次选择"按钮选择批次；

（3）点击"手动"按钮，确保系统进入手动状态；

（4）用手柄将辊缝抬起到大于20mm，再点击"工作"按钮，此时系统开始给油，出现 10mm 油柱。

（5）如果有必要的话，可以进行压靠清零操作（后续介绍）；

（6）此时就可以选择"手动"轧钢或者"自动"轧钢。

b　压靠清零操作

当界面辊缝值和实际的辊缝值出现偏差时，可以利用压靠清零操作进行校准。具体步骤如下：

（1）确认进入"工作"、"手动"状态；

（2）用手柄将轧辊压下，知道辊缝为最小，压力约为 400t；

（3）点击压靠按钮，此时油柱上升，液压作用下压力达到约 1000t；

（4）点击清零按钮，将电动辊缝、实际辊缝都清为零。

　　c　模式选择

　　(1) 自动轧钢。当批次有效时，可以选择"自动"模式，然后选择 APC 或者 AGC 进行自动轧钢。

　　自动轧钢时，轧辊的升降、辊缝的大小由程序控制完成，无需手动操作。自动摆好辊缝之后，用控制手柄完成机前机后传动、轧辊转动、高压喷水等操作，完成钢坯的轧制；一个道次轧制完成之后会自动进入下一个道次，自动摆好辊缝；一个钢块轧制完成之后，自动进入第一道次，进行下一钢块的轧制，直到整个批次轧制完成则弹出批次选择对话框选择下一批次。

　　(2) 手动轧钢。当批次有效时，可以选择"手动"模式，进行手动轧钢。此时，轧辊的升降、辊缝的大小由手动控制调节。其他操作和自动轧钢相同。

　　(3) 急停操作。如果工作工程中出现了故障，随时可以点击"急停"按钮进入急停状态，此时"急停"按钮变为绿色，所有操作将被禁止。

　　d　轧制规程定制

　　在规程输入页面可以定制规程：

　　(1) 修改道次数。可以通过修改"规程表"的底部的"总道次数"，修改制定规程的道次总数。如果道次增加，增加道次的设定辊缝值为"目标板厚度"；如果道次减少，则最后一个道次的设定辊缝值为"目标板厚度"。

　　(2) 修改规程。通过"规程+1"或"规程−1"按钮，将要修改的规程显示到"修改规程"显示栏。然后通过"道次+1"、"道次−1"或"道次复位"按钮选中要修改的道次，通过"修改规程粗调"按钮或"细调"按钮设定要修改的大小，最后点击"道次修正"按钮完成修正。也可以直接点击要修正道次的设定辊缝值，输入修正后的大小。

　　(3) 注意：修改规程时要满足每一个道次的压下率小于 30%，压下量小于 15mm；而且最后一个道次的设定辊缝值不能修改。

　　(4) 下载规程。修改后的规程必须先下载才能使用。点击"下载到"按钮即可将修改后的规程写入"规程表"，同时写入数据库保存。

　　(5) 切换规程。修改并下载后的规程可以通过"切换到"按钮切换到操作监控页面，作为轧钢时的当前规程。

　　注意：修改后的规程，必须先完成下载才能进行切换；记忆轧钢过程中不能切换规程；练习模式下只能修改切换缺省规程，不能使用其他规程；切换规程必须满足最后道次的设定辊缝值等于目标板厚度。

　　e　其他操作

　　轧钢过程中，还可以通过操作监控界面上的按钮进行辊缝微调、板型调整等其他操作：

　　(1) 调整板型。在手动或自动工作状态下，可以通过"南点动"和"北点动"按钮调整板型。每点击一次按钮，相应侧油柱增加 0.025mm，辊缝减少 0.025mm；对侧油柱减少 0.025mm，辊缝增加 0.025mm；辊缝差改变 0.05mm。

　　(2) 辊缝微调。在手动或者自动工作状态下，当辊缝摆好之后，可以通过"辊升"和"辊降"按钮微调辊缝的大小。点击一次"辊升"，辊缝增大 0.1mm，电极一次"辊降"，辊缝减小 0.1mm。

（3）修改当前规程设定辊缝值。轧钢过程中，如果发现设定辊缝值不合适，不用返回"规程输入页面"重新定制规程，可以在"操作监控页面"直接修改，修改后的规程在本次轧钢过程中一直有效，但是不写入"规程输入页面"的"规程表"。

在自动或手动工作的状态下，可以通过"整体道次修正按钮"、"单个道次修正按钮"或者"微调量"按钮，修改全部道次或者指定道次的设定辊缝值。

（4）修改头部补偿值。自动或手动工作状态下，随时可以修改头部补偿值。修改后立即有效，并且一直有效，直到本次轧钢结束或者下一修改头部补偿值。

（5）厚度修正。当前规程中显示的计算厚度可能和卡量厚度不同，可以通过"厚度修正"按钮修改它，与下一次轧钢的计算厚度、卡量厚度进行比较。

（6）调整上下主轧辊转速比。通过"状态显示页面"的"轧辊转速比"两侧的"+"和"−"调整上下轧辊的转速比。对应轧辊的转速等于"操作界面"的主轧辊转速乘以该轧辊的"轧辊转速比"。

【任务总结】

掌握精轧设备操作的实施过程与注意事项，在工作中树立谨慎务实的工作作风，成为一名合格的精轧调整工。

【任务评价】

精 轧 操 作					
开始时间		结束时间		学生签字	
				教师签字	
项　　目	技 术 要 求			分值	得分
精轧操作	（1）方法得当； （2）操作规范； （3）正确使用工具与设备； （4）团队合作				
任务实施报告单	（1）书写规范整齐，内容翔实具体； （2）实训结果和数据记录准确、全面，并能正确分析； （3）回答问题正确、完整； （4）团队精神考核				

 思考与练习

3-2-1 精轧中可能产生的轧制事故有哪些？

3-2-2 如何实现精轧的效益最大化？

3-2-3 中厚板平面形状控制技术是指什么？

3-2-4 什么是平面轧制法？

3-2-5 中厚板平面形状控制的目的是什么？

3-2-6 中厚板平面形状控制是在哪个轧制阶段进行的？

3-2-7 中厚板平面形状控制的技术基础是什么？

学习领域 4　精　　整

任务 4.1　轧后冷却操作

能力目标：

熟悉冷却设备的技术参数，会正确执行产品冷却（控制冷却）操作。

知识目标：

熟悉冷却设备性能，掌握冷却（控制冷却）方法。

【任务描述】

钢板的冷却是保证钢板质量的重要环节，经过轧后冷却的钢材其组织、性能将发生重要的改变，是我们获得优质产品的保障。通过本任务学习，掌握冷却设备的种类和技术参数及冷却操作的手段和方法。

【相关资讯】

4.1.1　轧后冷却设备

钢板的冷却根据钢种的不同，可采用自然冷却（空冷），强制冷却（水冷、风冷），缓慢冷却（堆冷、缓冷）等几种方式。当前在中厚板轧后控制冷却设备中使用最多的是气雾冷却、水幕层流冷却、管层流冷却。

层流冷却位于四辊轧机之后，集管控冷主体设备冷却强度大，流量均匀可调，供水稳定，检修方便，整个冷却系统采用计算机控制。冷却系统有上、下各 25 组集管，每组集管间距 1m，组成 25m×3.5m 的冷却区间。层流冷却系统（ACC）主体结构及其主要作用控冷设备由高位水箱、供水主管和控冷主体设备组成。

4.1.1.1　控冷设备主要参数及性能

控冷设备主要参数及性能如表 4-1 所示。

表 4-1　控冷设备主要参数及性能

项　　目	单　位	参　　数
形　　式		直集管
控冷区尺寸	mm^2	3500×25000
处理钢板尺寸	mm	（6~100×1500）~（3300×42000）
上集管数	组	25

项　目	单　位	参　数
下集管数	组	25
上集管通径	mm	200
下集管通径	mm	250
瞬时最大总水量	m^3/h	7000
最大连续供水量	m^3/h	3500
侧喷水耗量	m^3/h	100
侧喷数量	个	11
上、下集管公称压力	MPa	0.1
上下喷水比		1:1.8~1:2.9
钢板开冷温度	℃	700~1000
钢板终冷温度	℃	450~800
辊道运行速度	m/s	0.2~2.5
冷却水温度	℃	≤38
吹扫压缩空气压力	MPa	0.4~0.6
压缩空气量	Nm^3/min	12
吹扫用水压力	MPa	1.2
辊道辊子辊径	mm	$\phi350$
辊身长	mm	3500
辊子数量	根	32
辊距	mm	1000
辊面标高	mm	+800
辊道减速电机		型号：R87DM160L4-SRD11 功率：7.5kW；电压：380V 转速：0~1400r/min
高位水箱容积	m^3	180

4.1.1.2　控冷设备各集管水量及其控制

控冷区分为粗、精调两区，前 20 组为粗调区，后 5 组为精调区。

粗调区单根上集管流量调节范围：$100~200m^3/h$；

粗调区单根下集管流量调节范围：$200~400m^3/h$；

精调区单根上集管流量调节范围：$70~140m^3/h$；

精调区单根下集管流量调节范围：$120~200m^3/h$。

4.1.1.3　冷床

冷床的结构形式有滑轨式冷床、运载链式冷床、辊式冷床、步进式冷床和离线冷床五种结构形式。天钢中厚板冷床区域包括两座冷床，一座移钢机，一座翻板机。

A　冷床设备参数及性能

冷床设备参数及性能如表 4-2 所示。

表 4-2　冷床设备参数及性能

项　目	单　位	参　数
形　式		交流单独传动滚盘式冷床
冷床面积（长×宽）	m²	63×42
冷床承载能力	t	400
冷却钢板最大重量	t	13.5
冷却钢板厚度	mm	6~60
冷却钢板宽度	mm	1500~3300
冷却钢板长度（max）	mm	40000
移送一块钢板时间（max）	s	16
滚盘移钢板速度	m/s	0.3
滚盘直径	mm	φ610
滚盘盘距	mm	1000
滚盘轴距	mm	500
进、出料型式		升降载运链式
两条链子间距	mm	2000
链条移动速度	m/s	0.3
链条根数	根	44
链轮节圆直径	mm	φ584.76
链条节距	mm	200
链条升降时间	s	5

B　移钢机设备参数及性能

移钢机设备参数及性能如表 4-3 所示。

表 4-3　移钢机设备参数及性能

项　目	单　位	参　数
形　式		液压缸承载升降链，滚盘输送
移钢机面积（长×宽）	m²	42×38.5
移钢机承载能力	t	240
移送钢板最大质量	t	13.5
移送钢板厚度	mm	6~60
移送钢板宽度	mm	1500~3300
移送钢板长度（max）	mm	40000
移送一块钢板时间（max）	s	16
滚盘移钢板速度	m/s	0.3

项　目	单　位	参　数
滚盘直径	mm	$\phi610$
滚盘盘距	mm	1000
滚盘轴距	mm	500
进、出料型式		升降载运链式
两条链子间距	mm	1200
链条根数	根	36
链轮节圆直径（上料/下料）	mm	$\phi772.74/\phi584.76$
链条节距	mm	200
链条升降时间	s	5

C　翻板机设备参数及性能

翻板机设备参数及性能如表 4-4 所示。

表 4-4　翻板机设备参数及性能

项　目	单　位	参　数
型式		液压驱动倾翻
钢板厚度	mm	6~60
钢板长度	mm	40000
钢板宽度	mm	1500~3300
最大翻板重量	t	13.5
翻转时间	s	<50
翻转缸	mm	$\phi160/\phi112\times2100$ 8 台
液压缸工作压力	MPa	16

4.1.2　控制冷却工艺

4.1.2.1　控轧控冷结合的意义

控制冷却（Controlled cooling）是控制轧后钢材的冷却速度达到改善钢材组织和性能的新工艺。由于热轧变形的作用，促使变形奥氏体向铁素体转变温度（Ar_3）提高，相变后的铁素体晶粒容易长大，造成力学性能降低。为细化铁素体晶粒，减小珠光体片层间距，阻止碳化物在高温下析出，以提高析出强化效果而采用控制冷却工艺。控制轧制和控制冷却相结合能将热轧钢材的两种强化效果相加，进一步提高钢材的强韧性和获得合理的综合力学性能。

由于控轧可得到高强度、高韧性、良好焊接性的钢材，因此控轧钢可代替低合金常化钢和热处理常化钢做造船、建桥的焊接构件、运输、机械制造、化工机械中的焊接构件。目前，控轧钢广泛用于生产建筑构件和生产输送天然气和石油的大口径钢管。

Nb、V、Ti 元素的微合金钢采用控制轧制和控制冷却工艺将充分发挥这些元素的强韧化作用，获得高的屈服强度、抗拉强度、很好的韧性、低的脆性转变温度、优越的成型性能和较好的焊接性能。

根据控制轧制和控制冷却理论和实践，目前已将这一新工艺应用到中、高碳钢和合金钢的轧制生产中，取得了明显的经济效益。

但控轧也有一些缺点，对有些钢种要求低温变形量较大。因此加大轧机负荷，对中厚板轧机单位辊身长度的压力由 1t/mm 现加大到 2t/mm。由于要严格控制变形温度、变形量等参数，因此要有齐全的测温、测压、测厚等仪表；为了有效地控制轧制温度，缩短冷却时间，必须有较强的冷却设施，加大冷却速度，控轧并不能满足所有钢种、规格对性能的要求。

4.1.2.2　控制冷却的种类

控制冷却作为钢的强化方法已为人们所重视。利用相变强化可以提高钢板的强度。通过轧后控制冷却，能够在不降低韧性的前提下进一步提高钢的强度。控制冷却钢的强韧性取决于轧制条件和控制冷却条件。控制冷却实施之前，钢的组织状态又决定于控制轧制工艺参数、奥氏体状态、晶粒大小、碳化物析出状态，这些都将直接影响相变后的组织结构和形态。而控制冷却条件（开始控冷温度、冷却速度、控冷停止温度）对变形后、相变前的组织也有影响，对相变机制、析出行为、相变产物更有直接影响。因此，控制冷却工艺参数对获得理想的钢板组织和性能是极其重要的。同时，也必须将控制轧制和控制冷却工艺有机地结合起来，才能取得控制冷却的最佳效果。

控制冷却是通过控制热轧钢材轧后冷却条件，来控制奥氏体组织状态、控制相变条件、控制碳化物析出行为、控制相变后钢的组织和性能，从这些内容来看，控制冷却就是控制热轧后 3 个不同冷却阶段的工艺条件或工艺参数。这 3 个冷却阶段一般称作一次冷却、二次冷却及三次冷却（空冷）。3 个冷却阶段的目的和要求是不相同的。

A　一次冷却

一次冷却是指从终轧温度开始到奥氏体向铁素体开始转变温度 Ar_3 或二次碳化物开始析出温度 Ar_{cm} 范围内的冷却，控制其开始快冷温度、冷却速度和快冷终止温度。一次冷却的目的是控制热变形后的奥氏体状态，阻止奥氏体晶粒长大或碳化物析出，固定由于变形而引起的位错，加大过冷度，降低相变温度，为相变做组织上的准备。相变前的组织状态直接影响相变机制和相变产物的形态和性能。一次冷却的开始快冷温度越接近终轧温度，细化奥氏体和增大有效晶界面积的效果越明显。

B　二次冷却

二次冷却是指热轧钢板经过一次冷却后，立即进入由奥氏体向铁素体或碳化物析出的相变阶段，在相变过程中控制相变冷却开始温度、冷却速度（快冷、慢冷、等温相变等）和停止控冷温度。控制这些参数，就能控制相变过程，从而达到控制相变产物形态、结构的目的。参数的改变能得到不同相变产物、不同的钢材性能。

C　三次冷却或空冷

三次冷却或空冷是指相变之后直到室温这一温度区间的冷却参数控制。对于一般钢材，相变完成，形成铁素体和珠光体。相变后多采用空冷，使钢板冷却均匀、不发生因冷却不均匀而造成的弯曲变形，确保板形质量。另外，固溶在铁素体中的过饱和碳化物在空冷中不断弥散析出，使其沉淀强化。

对一些微合金化钢，在相变完成之后仍采用快冷工艺，以阻止碳化物析出，保持其碳化物固溶状态，以达到固溶强化的目的。

总之，钢种不同、钢板厚度不同和对钢板的组织和性能的要求不同，所采用的控制冷却工艺也不同，控制冷却参数也有变化，3 个冷却阶段的控制冷却工艺也不相同。

如图 4-1 所示是各种轧制及冷却方法相结合的工艺图。

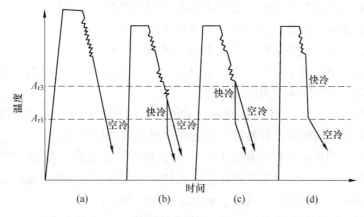

图 4-1　控轧控冷中厚钢板工艺示意图

（a）普通热轧工艺；（b）三阶段控制轧制（Ⅰ型+Ⅱ型+（A+F）两相区）和控制冷却工艺；
（c）两阶段控制轧制（Ⅰ型+Ⅱ型）和控制冷却工艺；（d）高温再结晶型（Ⅰ型）
控制轧制工艺和控制冷却工艺

中间待温时板坯厚度的控制采用两阶段控制轧制时，第一阶段是在完全再结晶区轧制，之后，进行待温或快冷，以防止在部分再结晶区轧制，这一温度范围随钢的成分不同，波动在 1000~870℃。待温后，在未再结晶区进行第二阶段的控制轧制。在第二阶段，即待温后到成品厚度的总变形率应大于 40%~50% 以上。总压下率越大（一般不大于65%），则铁素体晶粒越细小，弹性极限和强度就越高，脆性转变温度越低，所以，中间待温后的钢板厚度（即中间厚度）是很重要的一个参数。

【任务实施】

ACC 层流控冷区域操作

A　控冷设备开机准备程序

（1）按各传感器使用说明书向所有传感器送电；

（2）向压缩空气系统供气，将压缩空气系统、侧喷系统及集管控制阀组中的所有手动阀全部打开；

（3）启动供水泵向高位水箱供水至溢流水位，若用变频水泵，此时可减少工作水泵流量，待水位降至下限水位（工艺设定）再增加工作水泵流量；

（4）启动侧喷水泵（一用一备）；

（5）按工艺设定的辊道速度启动控冷区辊道。

B　控冷区域工艺操作

（1）钢板进入本装置前不得歪斜，轧后钢板发现运行偏离辊道中心线时必须用精轧机后推床进行抱正；

（2）下扣的钢板必须在专人监护下，关闭冷却水，缓慢经过本装置；严重下扣的钢板必须通过人工平整后，方能通过；

（3）头部尾部上翘太高的钢板必须进行平整，否则容易损坏 ACC 装置；

（4）钢板镰刀弯比较严重的，必须在监护下缓慢经过本装置；

（5）控冷的钢板在装置内停住时，要立即关闭 ACC；

（6）控冷区辊道出现故障时必须马上进行处理；

（7）使用时务必保证下喷保护水，尤其在 ACC 不需开水时，否则会将喷嘴烤坏，调节手动蝶阀使喷水高度以刚流出喷嘴为适；

（8）生产时，当使用二级自动控制模式时，此时层流操作工应密切注意控冷状况，终冷温度是否符合工艺要求，有异常时改为操作员模式进行控制；

（9）生产时，当使用操作员模式时，工艺参数由层流操作工按照工艺操作要点要求在操作画面中设定输入。此时层流操作工应密切注意控冷状况，终冷温度是否符合工艺要求，有异常时随时对开启组数、流量、辊道速度加以调整；

（10）为了保证钢板冷却均匀，只要发现集管的实际水量与设定的水量的差值大于 $30m^3/h$ 时，该组必须停止使用，并及时进行标定；

（11）凡是使用层流冷却的钢板，侧喷和层流入出口空气吹扫必须投入使用；

（12）对于不使用层流冷却的钢板，要确保上下集管不漏水。

【任务总结】

掌握轧后冷却设备操作的实施过程与注意事项，在工作中树立谨慎务实的工作作风，成为一名合格的控冷调整工。

【任务评价】

ACC 层流控冷区域操作					
开始时间		结束时间		学生签字	
				教师签字	
项　目		技 术 要 求		分值	得分
ACC 层流控冷区域操作		（1）方法得当； （2）操作规范； （3）正确使用工具与设备； （4）团队合作			
任务实施报告单		（1）书写规范整齐，内容翔实具体； （2）实训结果和数据记录准确、全面，并能正确分析； （3）回答问题正确、完整； （4）团队精神考核			

思考与练习

4-1-1 控冷中可能产生的问题有哪些?

4-1-2 如何实现晶粒的细化?

4-1-3 什么是控制轧制?

4-1-4 控轧轧制的任务是什么?

4-1-5 控制轧制优点是什么?

4-1-6 控制轧制的技术要点是什么?

4-1-7 控制轧制的分类方法是什么?

4-1-8 什么是临界变形量?

4-1-9 什么奥氏体再结晶区控轧（Ⅰ型控轧轧制）? 再结晶型控制轧制的变形特点是什么?

4-1-10 在采用Ⅰ型控制轧制时的原则是什么?

4-1-11 什么是奥氏体末再结晶区控轧（Ⅱ型控轧轧制）?

4-1-12 奥氏体晶粒大小和变形量对铁素体晶粒细化有什么影响?

4-1-13 什么是 $\gamma+\alpha$ 两相区控轧（Ⅲ型控轧轧制）?

任务 4.2 矫 直 操 作

能力目标：

熟悉矫直设备的技术参数，会正确执行产品矫直操作。

知识目标：

熟悉矫直设备性能，掌握矫直方法。

【任务描述】

钢板的矫直是保证钢板质量的重要环节，经过轧后冷却的钢材不可避免的会造成钢板起浪或瓢曲，为保证钢板的平直度符合产品标准规定，对热轧后的钢板必须进行矫直。通过本任务学习，掌握矫直设备的种类和技术参数及矫直操作的手段和方法。

【相关资讯】

4.2.1 矫直设备

钢板在热轧时，不可能很均匀，延伸也存在偏差，以及随后的冷却和输送原因，不可避免的会造成钢板起浪或瓢曲。为保证钢板的平直度符合产品标准规定，对热轧后的钢板必须进行矫直。

4.2.1.1 矫直机类型

中厚板的矫直设备大致可分为辊式矫直机和压力矫直机两种，如图 4-2 所示。压力矫直机靠冲头的垂直上下运动对钢材进行矫直，生产效率低，用途不广。辊式矫直机由于工作过程的连续性，便于实现机械化和有较高的生产率而得到广泛的应用。

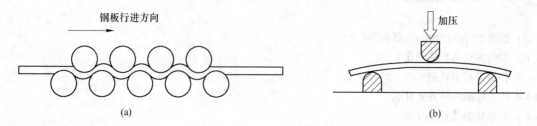

图 4-2　矫直机

（a）辊式矫直机；（b）压力矫直机

　　热矫直机位于层流冷却区之后和冷床前面，主要用于轧后及快速冷却后钢板的矫直，钢板也可以空过。

4.2.1.2　热矫直机参数及性能

　　热矫直机参数及性能如表 4-5 所示。

表 4-5　热矫直机参数及性能

项　目	单　位	参　数
型式		全液压 11 辊可逆热矫直机
矫直板材厚度	mm	6~50
矫直板材宽度	mm	1500~3300
矫直钢板长度（max）	mm	约 42000
矫直板材温度	℃	450~900
矫直板材屈服极限	MPa	$\delta_s \leqslant 710$
最大矫直力	kN	25000
矫直速度	m/s	0~0.75/2
矫直辊节距	mm	300
上辊系行程	mm	−20，+320
上辊系沿轧线和辊身方向倾动量	mm	±10
前、后导辊的调整量	mm	+10~ −25
主压下速度	mm/s	0~15
工作辊规格	mm	$\phi285 \times 3600$
工作辊数量	根	9（上排 5 根、下排 4 根）
导辊规格	mm	$\phi285 \times 3600$
导辊数量	根	2（下排入口和出口侧）
工作辊上支撑辊规格	mm	$\phi290 \times 285$
工作辊上支撑辊数量	根	9×6=54
导辊上的支撑辊规格	mm	$\phi290 \times 900$

项　目	单　位	参　数
导辊上的支撑辊数量	根	2×3＝6
辊系冷却水量	m³/h	30（0.2MPa）
矫直辊材质		X40CrMoV51
矫直辊硬度	HRC	54~58
矫直辊硬化深度	mm	12~15
支撑辊材质		60CNiMo
支撑辊硬度	HRC	44~50
支撑辊硬化深度	mm	10~14

4.2.2 热矫直机工艺技术规定

（1）矫直辊换辊周期：$5×10^5 ~ 6×10^5$t。

（2）矫直辊、支撑辊直径应相同（偏差范围 0.05mm）。

（3）矫直钢板宽度：1500~3300mm；厚度：6~50mm。

（4）矫直调整。

1）中心浪：采用负弯辊；

2）两边浪：采用正弯辊；

3）操作侧浪：采用传动侧单压下；

4）传动侧浪：采用操作侧单压下；

5）瓢曲：调整斜交值；

6）头尾翘、扣：调整出、入口辊。

（5）矫直范围。

1）钢板厚度：6~50mm；

2）屈服强度：≤710MPa。

（6）矫直机压下量调整根据钢板厚度而定，如表 4-6 所示。

表 4-6 矫直机压下量与钢板厚度的对应关系

钢板厚度/mm	压下量/mm
6~8	3
9~12	2
13~20	2
21~25	1
≥26	1

生产中，矫直工根据实际情况允许做相应调整，以矫直后钢板平整度符合要求为准。

（7）矫直后，钢板平整度应符合所矫直钢板执行的相应标准的规定。

（8）被矫钢板的温度低于 450℃ 不允许矫直。

【任务实施】

矫 直 操 作

A　矫直区域操作程序

a　开车前准备工作

(1) 矫直机运转前，必须详细检查设备各零件和润滑系统，保证良好运转状态，各部位螺丝不得有折断和松动现象，确保冷却系统运转良好；

(2) 空车运转 1~2min，检查运转情况，要求支承辊和工作辊紧密接触，全部转动；

(3) 钢板进矫直机前，必须清除表面异物；

(4) 检查矫直机工作辊、前后辊道和前后护板，不得有划伤钢板的铁皮、毛刺等杂物，否则应立即采取措施给予消除；

(5) 根据矫直钢板的厚度，调整矫直机的辊缝；

(6) 正常生产时，矫直机入出口空气吹扫必须使用；

(7) 每次停车时间超过 30min 时，应检查辊面磨损情况。

b　矫直操作规程

(1) 了解当班作业计划，根据轧制规格及时调整矫直机辊缝，随时注意钢板规格的变化，严防矫错规格造成事故；

(2) 不允许带负荷调整压下；

(3) 钢板不得歪斜进入矫直机，严重刮框和用气割割过的带有毛刺的钢板不准进入矫直机矫直；

(4) 不允许双张钢板或搭头钢板进入矫直机；

(5) 钢板温度低时，应减少压下量低速矫直；

(6) 当生产厚度大于 50mm 的钢板时，须抬起上辊系空过；

(7) 当钢板有翘头时，应抬起上矫直辊空放后，再进行返矫，矫平为止；

(8) 采用多道次矫直时，矫直机必须待钢板全部甩出和运转停止后，方能启动开关进行下道矫直；

(9) 在矫直过程中，为保证不同规格的钢板矫直顺利、矫直后端尾平直，必须注意及时调整进出导辊的高度；

(10) 矫直过程中不得让钢板在矫直机内或辊道上停留，以防冷却不均；当钢板在矫直机内卡住时，应立即抬起上矫直辊系；

(11) 在矫直过程中，对有波浪的钢板，可调整弯辊装置进行矫直，若发现仍矫不平时，应通知轧钢工序，采取措施，改善板型；

(12) 注意观察板面质量，若发现矫直后钢板有"矫直压印"时，应立即停机检查处理；

(13) 向冷床输入辊道运送钢板时，不允许搭头、歪斜和重叠，应逐块平直送出。

c　矫直机换辊操作

当矫直机达到一定的矫直钢板量（50 万吨），或由于事故造成矫直辊的表面损伤、轴承损坏等情况，应及时更换旧矫直辊、支撑辊。十一辊矫直机辊系的装换规程如下：

(1) 设备自动运行到换辊位置，即上辊系开口度调整到 +320；上弯辊调整到 0 位；

入口、出口导辊调整到-26位置;

(2) 关闭所有传动并锁定它们(主传动、机架辊传动、矫直机前后辊道传动);

(3) 选择换辊种类:上下辊系一起更换;只换下辊系;

(4) 拆下下辊系的安全销。4个换辊提升缸将下辊系升起。液压马达通过千斤顶带动下接轴托架升起,与下接轴内齿轴套接触;

(5) 装入中间梁,(2个)放在下辊系轴承座上和放在接轴间并插上销轴;

(6) 下接轴压紧缸带动中间梁下行,压紧下接轴内齿轴套。主液压缸低压运行(10^4kPa),将上辊系压下,在上辊系、接轴的内齿轴套距中间梁0.5mm时停止;

(7) 解锁并松开卡紧缸,放下上辊系,目视检查并确认8个卡紧缸完全松开并旋转90°。上接轴压紧缸动作,带动上梁压紧上接轴轴套。用主压下缸将上压力框架提升到换辊位置。用换辊缸将上下辊系一起拉出;

(8) 检查接轴内齿轴套的标高及水平度,如需要,可进行微调。将旧辊系吊下,新辊系吊到换辊轨道上,拆下运输梁。用换辊缸将辊系拉入机架中(此时导板、螺栓必须装配好);

(9) 装入过程和换出的过程基本相反(工作前将导板、螺栓拆下)。

B 矫直仿真操作

a 矫直机主操作界面

矫直机主操作画面,即为软件主界面(见图4-3 软件主界面),矫直机主操作画面实现钢板矫直的必要的控制,包括出入口辊缝值设定及微调,以及辊道和主轧辊的动作。

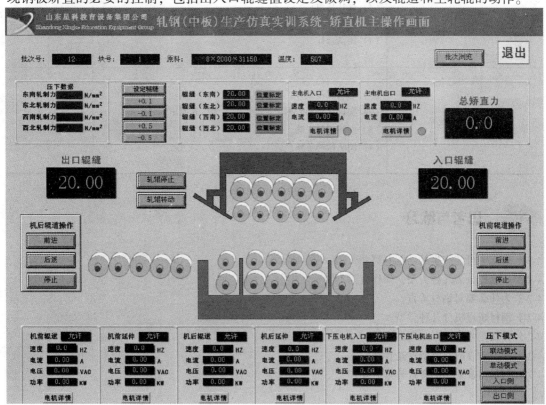

图4-3 矫直机主操作画面

b　矫直机操作流程

打开程序直接进入主画面，如果有需要矫直的钢坯，则页面批次信息会显示钢坯的批次号、块号、规格、温度信息。如果没有需要矫直的钢坯则批次信息中规格为空。根据需要矫直的钢坯的原料规格，调整入口侧和出口侧的辊缝值。辊缝值调整好后，点击机前辊道 前进 按钮，将钢坯送到矫直机旁，然后点击按钮 轧辊转动 ，使主轧辊转动，同时点击机后辊道 前进 按钮，完成本钢坯的矫直。完成一块钢坯的矫直后，辊道会恢复到停止状态。如果还有钢坯需要矫直，则可以继续矫直。

【任务总结】

掌握矫直设备操作的实施过程与注意事项，在工作中树立谨慎务实的工作作风，成为一名合格的矫直调整工。

【任务评价】

<table>
<tr><td colspan="7" align="center">矫 直 操 作</td></tr>
<tr><td rowspan="2">开始时间</td><td rowspan="2"></td><td>结束时间</td><td></td><td colspan="2">学生签字</td><td></td></tr>
<tr><td colspan="2"></td><td colspan="2">教师签字</td><td></td></tr>
<tr><td colspan="2" align="center">项　目</td><td colspan="3" align="center">技术要求</td><td>分值</td><td>得分</td></tr>
<tr><td colspan="2">矫直操作</td><td colspan="3">（1）方法得当；
（2）操作规范；
（3）正确使用工具与设备；
（4）团队合作</td><td></td><td></td></tr>
<tr><td colspan="2">任务实施报告单</td><td colspan="3">（1）书写规范整齐，内容翔实具体；
（2）实训结果和数据记录准确、全面，并能正确分析；
（3）回答问题正确、完整；
（4）团队精神考核</td><td></td><td></td></tr>
</table>

 思考与练习

4-2-1　矫直中可能产生的问题有哪些？

4-2-2　矫直机分为几种类型，操作有何不同？

4-2-3　为什么要对钢材矫直？

4-2-4　钢材矫直机分几种类型？

4-2-5　什么是弹性变形和塑性变形？

4-2-6　钢材矫直的必要条件是什么？

4-2-7　钢材通常采用的矫直方案有几种？

任务4.3 剪 切 操 作

能力目标：

　　熟悉剪切设备的技术参数，会正确执行产品剪切操作。

知识目标：

　　熟悉剪切设备性能，掌握剪切操作方法。

【任务描述】

　　钢板剪切的目的是为了获得用户所需的定尺尺寸并完成取样工作，是中厚板成为成品的最后一道生产工序。通过本任务学习，掌握剪切设备的种类和技术参数及剪切操作的手段和方法。

【相关资讯】

4.3.1　剪切工艺影响因素

　　钢板剪切是指对冷却后的钢板进行切头、切尾、切边、剖分、定尺及取样。影响剪切的因素包括以下几个方面：

　　（1）金属性质。金属材料的强度极限越高，剪切抗力越大，塑性越低，对应于剪断时的相对切入深度越小，即金属断的越早。

　　（2）剪切温度。剪切温度越高，单位剪切抗力越小，对应于剪断时相对切入深度则越大。

　　（3）变形速度。热剪时，单位剪切抗力随变形速度增加而增加。冷剪时，剪切速度对单位剪切抗力影响很小，一般可不考虑。

　　（4）剪切侧向间隙。剪刃侧向间隙的大小，可以使剪切时的受力状况发生变化。当侧向间隙由零逐渐增大时，受力状况由压缩-剪切-弯曲等状态依次发生，侧向间隙过小或过大都会使剪切抗力增大。因此，合理选择和保持剪刃侧向间隙的大小，对于正确使用剪切机十分重要。

　　（5）刀钝半径。刀钝半径的大小直接影响剪切抗力的大小。刀钝半径越大，刀就越不"快"，剪切抗力就越大，同时断裂时的相对切入深度也增加。

4.3.2　剪切设备

　　剪切机是用于将钢板切成规定尺寸的设备。

　　按剪切机用途不同可分为横切剪和切边剪等；按剪切机的驱动方式可分为机械剪、液压剪和驱动剪；按机架的形式可分为开式剪和闭合剪。

　　按照刀片形状和配置方式及钢板情况，在中厚板生产中常用的剪切机有斜刀片式剪切机（统称侧刀剪）、圆盘式剪切机、滚切式剪切机三种基本类型。其中，我国应用最多的是斜刀片式剪切机，其次是圆盘式剪切机。

某企业中厚板 1 号剪切线的设备包括：磁力对中设备、圆盘剪、碎边剪、料边收集装置、切头剪、切头剪剪刃更换装置、滚切式横切定尺剪等。

圆盘剪设备参数如表 4-7 所示。

表 4-7　圆盘剪设备参数

项　目	单　位	参　数
形　式		单侧移动
剪切钢板规格　厚度	mm	6~25（30） 30（$\sigma_b \leqslant 600$ N/mm^2）
切边前宽度	mm	1500~3350
切边后宽度	mm	1500~3300
长度（max）	mm	40000
钢板最大强度极限	N/mm^2	$\sigma_b \leqslant 710$
最大剪切力	kN	750
剪切温度	℃	≤250
剪切速度	m/s	0~0.4~0.8
剪刃开口度	mm	1320~3500
刀盘直径	mm	$\phi 1300/\phi 1200$
剪刃厚度	mm	80~65
机架开口度调整速度	mm/s	45
上刀盘轴向调节量	mm	35（向内 15，向外 20）
主传动电机		AC160kW 1400r/min 调速 2 台
调宽传动电机		AC40kW　1 台
剪刃水平间隙调整电机		AC3kW　　2 台
剪刃重叠量调整电机		AC3kW　　4 台

定尺剪设备参数如表 4-8 所示。

表 4-8　定尺剪设备参数

项　目	单　位	参　数
形　式		电动曲柄滚切
定尺剪切后钢板规格厚度	mm	6~40（50）
宽度	mm	1500~3300
长度	mm	6000~18000
钢板最大强度极限	N/mm^2	$\sigma_b \leqslant 900$（40mm 厚） $\sigma_b \leqslant 500$（50mm 厚）
剪切温度	℃	<280
最大剪切力	kN	16000
剪切连续次数（max）	次/min	23

项 目	单 位	参 数
剪切次数	次/min	8~10
钢板送进速度	m/s	1.5
剪刃开口度	mm	205
剪刃长度	mm	3560
上剪刃圆弧半径	mm	约 72000
剪刃重叠量	mm	5~7
偏心轴相位角		−25.5°~+25.5°
曲柄偏心量	mm	116
压板缸压紧力	kN	1200
压板缸规格	mm	φ160×110×190 6 个
压板压下速度	mm/s	200
液压缸工作压力	MPa	16
压板缸开口度	mm	194
主传动减速机速比		43.22
主传动电机		AC600 kW 995r/min 调速 2 台
剪刃间隙调节电机		AC11 kW 1400r/min 调速 1 台
调整斜楔斜度		1:10
上剪刃间隙调整速度	mm/s	0.14
机架辊规格	mm	φ350×3500
机架辊线速度	m/s	0~1.5
机架辊减速机速比		18.2
机架辊电机		AC5.5 kW 0~1500r/min 调速 1 台

　　2 号剪切线的设备包括：磁力对中设备、滚切式双边剪、碎边剪刃、料边收集装置、滚切式横切定尺剪、剪刃更换装置等。

　　双边剪设备参数如表 4-9 所示。

表 4-9 双边剪设备参数

项 目	单 位	参 数
类 型		滚切剪
剪切钢板规格(厚度)	mm	6~50
切边前宽度	mm	1200~3500
切边后宽度	mm	1100~3400
长度 (max)	mm	42000
质 量	kg	13500
钢板温度	℃	≤280

续表 4-9

项　目	单　位	参　数
钢板强度极限	N/mm²	$\sigma_b \leqslant 1200$（厚度 = 40mm）
	N/mm²	$\sigma_b \leqslant 750$（厚度 = 50mm）
纵向最大剪切力	kN	6500
板速（max）	m/s	2
板加速度（max）	m/s²	3.5
钢板进给	mm	1050~1300
冲程的数量	次/min	16~30
进板时间（min）	s	1.31
两侧剪刃间距	mm	1100~3600
剪刃交叠	mm	4
上剪刃尺寸	mm	2080×170×100
下剪刃尺寸	mm	2080×160×100
上剪刃的半径	mm	9500
剪刃最大开口	mm	100
剪刃间距（操作范围）	mm	0.5~4.5
机架开口度调整速度	mm/s	100
主传动电机		0~1000r/min 350×4kW
调宽传动电机		0~800r/min 8.5kW
剪刃水平间隙调整电机		800r/min 4kW×2

定尺剪设备参数如表 4-10 所示。

表 4-10　定尺剪设备参数

项　目	单　位	参　数
未剪钢板宽度	mm	1200~3500
定尺剪切后钢板规格厚度	mm	6~50
宽度	mm	1100~3400
长度	mm	3000~18000
钢板最大强度极限	N/mm²	$\sigma_b \leqslant 1200$（40mm 厚） $\sigma_b \leqslant 750$（50mm 厚）
废料前端最小剪切长度	mm	当厚度≤20 时为 20 当厚度大于 20 时剪切长度 至少与钢板厚度相等
废料尾端最小保留长度	mm	200
废料前端最大剪切长度	mm	450
剪切温度	℃	<280
最大剪切力	kN	13000

项　目	单　位	参　数
剪切连续次数（max）	次/min	24
剪切次数	次/分	18
钢板送进速度	m/s	2
剪刃开口度	mm	225
剪刃长度	mm	3800
剪刃持有系统长度	mm	3810
上剪刃圆弧半径	mm	72000
剪刃间距	mm	0.5~7
偏心半径	mm	122
40 毫米厚钢板的剪切角	(°)	2
偏心轴相位角	(°)	−21.5~+21.5
压板缸压紧力	kN	2×560
压板压下速度	mm/s	5~200
液压缸工作压力	MPa	14
压紧装置最大开口	mm	180
主传动电机		AC600 kW1000r/min 调速　2 台
剪刃间隙调节电机		0~144r/min　AC7.5 kW
调整斜楔斜度		1：10
机架辊规格	mm	ϕ400
机架辊线速度	m/s	0~2
机架辊减速机速比		15.48

4.3.3　钢质缺陷及处理方法

A　分层

表现形式：在钢板截面出现平行于轧制面的分层或局部的缝隙。如图 4-4 所示。

产生原因：原料中有气泡、气囊、缩孔、夹杂、严重疏松和严重偏析存在，轧制时不能使其分离的部分得到焊合。

处理方法：一般均用切除的方法消除分层缺陷。

图 4-4　钢材分层

B　气泡

表现形式：钢板表面无规律的分布，圆形凸起，外缘圆滑，酸洗后发亮。如图 4-5 所示。

产生原因：钢板内部有气体，轧制后不能焊合而成为缺陷。

处理方法：采用切除的方法消除这种缺陷。

图 4-5　钢材气泡

C　表面夹杂

表现形式：点状、块状、长条状分布；红棕色、淡黄、灰白色；具在一定的深度。如图 4-6 所示。

产生原因：非金属夹杂物外和耐火材料轧制后压入。

处理方法：小而浅的修磨，大而深的切除。

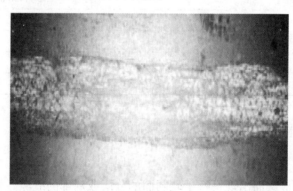

图 4-6　钢材表面夹杂

D　发纹

表现形式：长短和形状没有规律、其分布有时是断续的，有时是密集的；断面呈蓝色，有时断续灰白色发状小细纹。如图 4-7 所示。

产生原因：原料皮下气泡未焊合，轧后暴露；厚钢板蓝脆温度剪切。

处理方法：切除。

E　裂纹和裂缝

表现形式：钢板表面不规则形状破裂，密集的裂纹分布在边缘，皱纹和鱼鳞状。如图 4-8 所示。

产生原因：气泡在轧后的破裂和暴露；原料表面的清理不彻底。

处理方法：切除。

图 4-7　钢材发纹

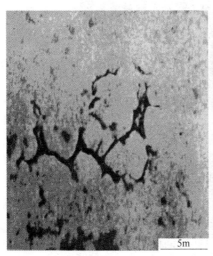

图 4-8　钢材裂纹和裂缝

F　结疤

表现形式：块状或片状。

产生原因：原料在清理时的深宽比不当，或者表面毛刺没有清除掉。如图 4-9 所示。

处理方法：轻微的结疤可以采用修磨进行清理；对于较严重的结疤则应切除；应加强对原料表面的清理和检查。

图 4-9　钢材结疤

G　氧化铁皮压入

表现形式：在轧制完成后，钢板表面粘附一层灰黑色或红棕色氧化铁皮，一般成块状或条状。其深度较光麻点浅。如图 4-10 所示。

产生原因：原料表面有氧化铁皮或在轧制过程中产生的再生氧化铁皮没有除尽，轧制时压入。

处理方法：轧制时加强除鳞；轻的修磨；妨碍检查质量切除。

图 4-10　钢材氧化铁皮压入

H　划伤

表现形式：钢板表面有低于轧制面的直线或横向沟痕；长短不一、部位不定分布，连续或间断。划伤处的伤口，有的有氧化现象（高温），而有的则露出金属光泽（低温）。如图 4-11 所示。

纵向：轧制时的护、导板或辊道的尖角部分与钢板接触。

横向：钢板在横移过程中所造成。

处理方法：轻微的划伤可以不处理或修磨，严重的划伤要切除。对造成划伤的设备要及时调整或处理。

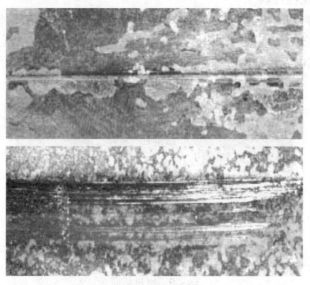

图 4-11　钢材划伤

I　压痕

表现形式：钢板的表面呈现出不同形状和大小的凹坑。如图 4-12 所示。

产生原因：轧制过程中，轧辊的表面有粘合硬物（焊渣、铁皮等），或者有小件异物掉在轧件上。

处理方法：轻微修磨，严重切除。

图 4-12　钢材压痕

J　麻点

黑麻点表现形式：钢板表面的局部呈黑色蜂窝状的粗糙凹坑面，一般多为小块状或密集的麻面。如图 4-13 所示。

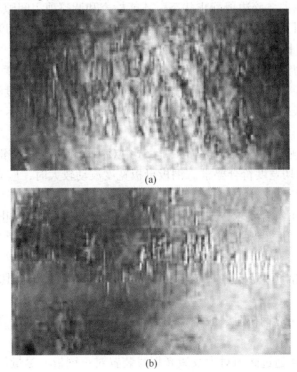

(a)

(b)

图 4-13　钢材麻点

（a）小块状；（b）密集的麻面

产生原因：原料在加热时，燃料喷溅侵蚀表面。

光麻点表现形式：钢板表面出现局部块状和连续的粗糙平面，或者出现灰白色光面凹坑。

　　产生原因：由于氧化严重，在轧制时氧化铁皮全部或部分脱落。

　　处理方法：采用轻微的修磨，严重的应采用切除。

　　预防办法：控制好加热炉的温度波动及高温氧化阶段的湿度、气氛和时间，并在轧制时加强除鳞，尽可能将原料表面氧化铁皮除尽。

【任务实施】

剪 切 操 作

　　A　圆盘剪操作规程及剪刀更换与管理

　　a　圆盘剪操作规程

　　（1）接班后，应详细检查设备及润滑情况，确认正常后，才能开车。在稀油润滑系统和横移锁紧液压系统正常工作 5min 后，方可启动圆盘剪及碎边剪的主传动系统。一般情况下，干油润滑每班加油一次。

　　（2）接班后，应检查横移轨道面是否清洁，若有铁屑、油泥等，应擦净。

　　（3）用塞尺检查圆盘剪剪刃间隙，固定侧、移动侧的剪刃间隙应该一致。

　　（4）检查圆盘剪的开口度。

　　（5）必须在圆盘剪、碎边剪静止状态，才能检查和调整剪刃间隙和开口度。

　　（6）圆盘剪两对刀盘的直径大小要求一致。碎边剪剪刃的线速度应比圆盘剪刀盘的线速度略大一些，以保证切边时不产生毛刺。

　　（7）检查圆盘剪前后辊道以及前后夹送辊的速度与圆盘剪的速度是否匹配。

　　（8）剪切时，要考虑热膨胀对剪切宽度的影响，以保证成品宽度符合要求。

　　（9）剪切后钢板侧边必须平直、不弯曲，剪切面必须光滑，不允许有锯齿状撕裂、掉肉等剪切缺陷。

　　（10）接班后应测量前三块钢板宽度，生产中对于同钢种同规格钢板至少需要测量三块钢板宽度，保证剪切宽度符合要求。钢板母板宽度波动较大时，应立即通知调度室和轧钢作业区，听从调度安排。

　　（11）剪切温度不符合要求，或发现剪切面呈蓝色时，应立即停止剪切，进行控温。

　　（12）圆盘剪剪切后沿长度方向镰刀弯要控制在 5mm 之内，大于 7mm 时应停止剪切，立即进行处理。

　　（13）主电机不准频繁启动，严禁带负荷启动。一块钢板未剪切完毕，不许无故停车，严禁倒车。

　　（14）当运送不切边钢板时，应把移动侧机架移开，并大于钢板宽度，防止钢板擦伤剪刃。

　　（15）剪切钢板时通过磁力对中及激光划线装置对正钢板，尽量保证剪切钢板的两侧宽度基本相等。

　　（16）向圆盘剪输送钢板时，正确操作辊道，防止叠板。

　　（17）发生卡钢、堆钢时，必须立即停车处理。用火焰切割处理时，不得损坏设备和剪刃。卡钢倒钢时不要刮伤剪刃。

（18）设备发生故障时，要立即停车，通知调度室及有关人员处理，不准擅自乱动。重新开车时要认真检查确认。

b 圆盘剪剪刃更换程序

（1）将移动侧机架移到最大开口度位置，停止。

（2）将上剪刃升起，使上、下剪刃垂直间隙到最大。

（3）停止供电（包括圆盘剪前后的相关设备）。

（4）剪刃拆卸过程中，不得将配合的槽弄伤。

（5）安装圆盘剪剪刃时，必须把剪刃靠在刀盘的止动面，不得有空隙。

（6）圆盘剪上面2个刀盘一起更换、下2个刀盘一起更换，而且刀盘尺寸必须保持一致。

c 碎边剪剪刃更换程序

（1）将碎边剪及圆盘剪主电机断电，并将左右剪体移开至最大开度。

（2）手动泵加压卸下锁紧圆螺母。

（3）手动泵再给刀盘上的压板加压，直到刀盘从刀轴的斜面脱下。

（4）借助天车将刀盘运送到存放区。

（5）装刀盘时动作顺序相反。

（6）更换刀盘时有关注意事项。

（7）刀盘重装时一定要按照刀盘上标记"固上、固下、移上、移下"对号入座。

（8）测量剪刃间隙使四对剪刃间隙互差不大于0.1，如果互差大于0.1时则必须修配下刀盘上的刀垫。

（9）发现剪刃崩裂、烧损、掉肉、磨钝等影响钢板剪切质量时，应立即将剪刃翻面或更换。若上剪刃表面有粘结物时，应及时修磨。

d 剪刃的调整

（1）剪切时如剪切质量不能满足标准要求，应采用手动调整间隙，调整时采用渐进式，并有专人观察并测量，避免碰撞剪刃。

（2）当需要调整钢板剪切宽度时，在开动移动机架前，应将横移的锁紧和撕杠的锁紧松开。宽度调整合适后，再将它们锁紧。

（3）圆盘剪、碎边剪主传动启动后，不得进行剪刃间隙和开口度调整。

B 双边剪操作规程

（1）接班后，应详细检查设备及润滑情况，确认正常后，才能开车。在稀油润滑系统和横移锁紧液压系统正常工作5min后，方可启动双边剪的主传动系统。一般情况下，干油润滑每班加油一次。

（2）接班后，应检查横移轨道面是否清洁，若有铁屑、油泥等，应清除擦净。

（3）用塞尺检查双边剪剪刃间隙，固定侧、移动侧的剪刃间隙应该一致。

（4）检查双边剪的开口度。

（5）必须在双边剪静止状态，才能检查和调整剪刃间隙和开口度。

（6）剪切时，要考虑热膨胀对剪切宽度的影响，以保证成品宽度符合要求。

（7）剪切后钢板侧边必须平直、不弯曲，剪切面必须光滑，不允许有锯齿状撕裂、掉肉、剪切接口等剪切缺陷。

（8）接班后应测量前三块钢板宽度，生产中对于同钢种同规格钢板至少需要测量三块钢板宽度，保证剪切宽度符合要求。钢板母板宽度波动较大时，应立即通知调度室和轧钢作业区，听从调度安排。

（9）剪切温度不符合要求，或发现剪切面呈蓝色时，应立即停止剪切，进行控温。

（10）双边剪剪切后沿长度方向镰刀弯要控制在 5mm 之内，大于 7mm 时应停止剪切，立即进行处理。

（11）一块钢板未剪切完毕，不许无故停车。

（12）当运送不切边钢板时，应把移动侧机架移开，并大于钢板宽度，防止钢板擦伤剪刃。

（13）剪切钢板时通过磁力对中及激光划线装置对正钢板，尽量保证剪切钢板的两侧宽度基本相等。

（14）向双边剪输送钢板时，正确操作辊道，防止叠板。

（15）发生剪切异常时，必须立即停车处理。用火焰切割处理时，不得损坏设备和剪刃。

（16）设备发生故障时，要立即停车，通知调度室及有关人员处理，不准擅自乱动。重新开车时要认真检查确认。

C　定尺剪操作规程

（1）交接班按设备使用规定进行检查，确认具备开车条件后，方可交接班。

（2）检查上、下剪刃水平间隙，两剪刃的安装尺寸是否符合要求应立即进行处理。

（3）检查剪刃，发现有裂纹、掉肉、变钝时，应通知调度室进行处理，更换剪刃。

（4）当电机启动后，尚未达到正常转数时，不准进行剪切。

（5）剪切时钢板摆正，不允许搭头、重叠送料。

（6）剪切钢板头最大宽度，一次不超过 400mm。要考虑热膨胀对定尺长度的影响。

（7）定尺剪剪切钢板时要逐块对中，确保不发生切斜。

（8）发现卡钢或连剪时，要马上停车处理。

（9）发现剪刃黏钢时，应随时清除。

（10）严格按剪切命令单的要求进行剪切。

（11）剪刃、剪刃持有系统以及垫片的公差不得超过 0.1mm，这避免了上下剪刃的交叠。

D　剪切仿真操作

剪切除了剖分剪演示外，另外有两个横剪两个纵剪，分别完成剪头、剪两边、剪尾，其中第一个纵剪没有定尺，第二个纵剪有定尺。两个虚拟界面，两个操作界面。每个虚拟界面由一个纵剪一个横剪组成。完成一个板坯的剪头、剪两边、剪尾的工作。完成剪切一块钢板需要依次进行一纵剪、一横剪、二纵剪、二横剪。一纵剪界面和一横剪界面，二纵剪界面和二横剪界面可以相互切换。

a　1号纵剪操作流程

打开程序进入 1 号纵剪操作画面，如果有需要剪切的钢坯，则页面批次信息会显示钢坯的批次号、块号、规格、温度信息。如果没有需要剪切的钢坯则批次信息中规格为空。点击输入辊道的控制按钮，将钢坯送到剪切机前方，点击 纵剪划线 进行划线，然后点击通

过控制剪前辊道操作的按钮，依次点击剪前辊道的 前进 、剪前辊道的 停止 ，
剪边 按钮，重复执行将钢坯的一个侧边剪完。剪完后 1 号剪切界面的批次信息将显示
没有批次。操作辊道将钢坯送到 1 号横剪进行一横剪。点击 1 号纵剪页面的 横剪 按钮，切
换到 1 号横剪操作画面。

b　1 号横剪操作流程

如果有钢坯需要剪切，通过控制剪前辊道将钢坯送到剪刀前，点击 横剪划线 按钮，进
行划线；然后点击 剪闸头 按钮，将钢板板头剪掉，页面的批次信息显示无批次；点击
推板头 按钮将板头推下，然后控制输出辊道将钢坯送走；然后可以点击 纵剪 切换到 1 号纵
剪画面，如果还有要剪切的钢坯则会有相应的批次信息显示，可以进行下一块钢的一侧板
边的剪切。

c　2 号纵剪操作流程

打开程序进入 2 号纵剪操作画面，如果有需要剪切的钢坯，则页面批次信息会显示钢
坯的批次号、块号、规格、温度信息。如果没有需要剪切的钢坯则批次信息中规格为空。
通过快捷键根据钢坯宽度设定好定尺机的设定值；点击输入辊道的控制按钮，将钢坯送到
剪切机前方，点击划线按钮划线，然后点击通过控制剪前辊道操作的按钮，依次点击剪前
辊道的 前进 、剪前辊道的 停止 ， 剪边 按钮，重复执行将钢坯的一个侧边剪完。剪完
后 2 号剪切界面的批次信息将显示没有批次。操作辊道将钢坯送到 2 号横剪进行横剪。点
击 2 号纵剪页面的 横剪 按钮，切换到 2 号横剪操作画面。

d　2 号横剪操作流程

如果有钢坯需要剪切，设定好定尺机的长度后，将定尺机的剪挡板降下来，通过控制
剪前辊道运送钢坯，划线按钮进行划线，然后点击 剪尾 按钮，将钢板板头剪掉，页面
的批次信息显示无批次；点击 推板头 按钮将板头推下，点击剪挡板上升将剪挡板抬起，控
制输出辊道将钢坯送走；然后可以点击 纵剪 切换到 2 号纵剪操作画面，如果还有要剪切的
钢坯则会有相应的批次信息显示，可以进行下一块钢的一侧板边的剪切。

【任务总结】

掌握轧剪切设备操作的实施过程与注意事项，在工作中树立谨慎务实的工作作风，成
为一名合格的剪切调整工。

【任务评价】

剪 切 操 作					
开始时间		结束时间		学生签字	
				教师签字	
项　目		技 术 要 求		分值	得分
剪切操作		（1）方法得当； （2）操作规范； （3）正确使用工具与设备； （4）团队合作			

续表

项　目	技 术 要 求	分值	得分
任务实施报告单	（1）书写规范整齐，内容翔实具体； （2）实训结果和数据记录准确、全面，并能正确分析； （3）回答问题正确、完整； （4）团队精神考核		

思考与练习

4-3-1　剪切操作可能产生的问题有哪些？

4-3-2　如何实现切损率最小化？

参 考 文 献

[1] 张景进. 中厚板生产 [M]. 北京：冶金工业出版社，2005.
[2] 陈连生. 热轧薄板生产技术 [M]. 北京：冶金工业出版社，2006.
[3] 许石民. 板带材生产工艺及设备 [M]. 北京：冶金工业出版社，2008.
[4] 夏翠莉. 冷轧带钢生产 [M]. 北京：冶金工业出版社，2011.
[5] 杨俊任. 冷轧板：带钢生产工艺 [M]. 北京：中国劳动社会保障出版社，2009.
[6] 郑光华. 冷轧生产新工艺技术与生产设备操作实用手册 [M]. 北京：中国科技文化出版社，2007.
[7] 丁修坤. 轧制过程自动化 [M]. 北京：冶金工业出版社，1986.
[8] 刘天佑. 钢材质量检验 [M]. 北京：冶金工业出版社，1999.
[9] 王廷溥. 板带材生产原理与工艺 [M]. 北京：冶金工业出版社. 1996.
[10] 曹林瑞. 热轧生产新工艺技术与生产设备操作实用手册 [M]. 北京：中国科技文化出版社，2006.
[11] 赵元国. 轧钢生产机械设备操作与自动化控制技术实用手册 [M]. 北京：中国科技文化出版社，2005.
[12] 孙中华. 轧钢生产新技术工艺与产品质量检测标准实用手册 [M]. 长春：银声音像出版社，2004.
[13] 曲克. 轧钢工艺学 [M]. 北京：冶金工业出版社，1991.
[14] 周汝成. 轧钢生产技术工艺疑难问题解答与处理 [M]. 北京：中国科技文化出版社，2006.
[15] 张景进. 热连轧带钢生产 [M]. 北京：冶金工业出版社，2005.
[16] 邹家祥. 轧钢机械 [M]. 北京：冶金工业出版社，1980.
[17] 张景进. 带钢冷轧生产 [M]. 北京：冶金工业出版社，2008.

冶金工业出版社部分图书推荐

书　名	作　者	定价(元)
现代企业管理（第2版）（高职高专教材）	李　鹰	42.00
Pro/Engineer Wildfire 4.0（中文版）钣金设计与 　焊接设计教程（高职高专教材）	王新江	40.00
Pro/Engineer Wildfire 4.0（中文版）钣金设计与 　焊接设计教程实训指导（高职高专教材）	王新江	25.00
应用心理学基础（高职高专教材）	许丽遐	40.00
建筑力学（高职高专教材）	王　铁	38.00
建筑CAD（高职高专教材）	田春德	28.00
冶金生产计算机控制（高职高专教材）	郭爱民	30.00
冶金过程检测与控制（第3版）（高职高国规教材）	郭爱民	48.00
天车工培训教程（高职高专教材）	时彦林	33.00
工程图样识读与绘制（高职高专教材）	梁国高	42.00
工程图样识读与绘制习题集（高职高专教材）	梁国高	35.00
电机拖动与继电器控制技术（高职高专教材）	程龙泉	45.00
金属矿地下开采（第2版）（高职高专教材）	陈国山	48.00
磁电选矿技术（培训教材）	陈　斌	30.00
自动检测及过程控制实验实训指导（高职高专教材）	张国勤	28.00
轧钢机械设备维护（高职高专教材）	袁建路	45.00
矿山地质（第2版）（高职高专教材）	包丽娜	39.00
地下采矿设计项目化教程（高职高专教材）	陈国山	45.00
矿井通风与防尘（第2版）（高职高专教材）	陈国山	36.00
单片机应用技术（高职高专教材）	程龙泉	45.00
焊接技能实训（高职高专教材）	任晓光	39.00
冶炼基础知识（高职高专教材）	王火清	40.00
高等数学简明教程（高职高专教材）	张永涛	36.00
管理学原理与实务（高职高专教材）	段学红	39.00
PLC编程与应用技术（高职高专教材）	程龙泉	48.00
变频器安装、调试与维护（高职高专教材）	满海波	36.00
连铸生产操作与控制（高职高专教材）	于万松	42.00
小棒材连轧生产实训（高职高专教材）	陈　涛	38.00
自动检测与仪表（本科教材）	刘玉长	38.00
电工与电子技术（第2版）（本科教材）	荣西林	49.00
计算机应用技术项目教程（本科教材）	时　魏	43.00
FORGE塑性成型有限元模拟教程（本科教材）	黄东男	32.00
自动检测和过程控制（第4版）（本科国规教材）	刘玉长	50.00